U0112274

AI时代的
老年生活

［日］平松类 —— 著

彭 佳 —— 译

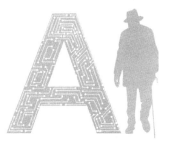

老人は
AI社会を
どう生きるか

浙江人民出版社

图书在版编目（CIP）数据

AI时代的老年生活 /（日）平松类著；彭佳译. —
杭州：浙江人民出版社，2024.1
ISBN 978-7-213-11246-1

Ⅰ.①A… Ⅱ.①平… ②彭… Ⅲ.①人工智能－中老
年读物 Ⅳ.①TP18-49

中国国家版本馆 CIP 数据核字（2023）第 216223 号

浙 江 省 版 权 局
著作权合同登记章
图字:11-2022-344号

AI 时代的老年生活
AI SHIDAI DE LAONIAN SHENGHUO

[日] 平松类 著 彭 佳 译

出版发行：浙江人民出版社（杭州市体育场路 347 号 邮编：310006）
　　　　　市场部电话：（0571）85061682 85176516
责任编辑：潘海林　　　　　　　　特约编辑：郭超敏
营销编辑：陈雯怡　张紫懿　陈芊如　责任校对：马　玉
责任印务：幸天骄　　　　　　　　封面设计：蔡小波
电脑制版：北京之江文化传媒有限公司
印　　刷：杭州丰源印刷有限公司
开　　本：787 毫米 × 1092 毫米　1/32　印　张：6
字　　数：82 千字　　　　　　　　插　页：1
版　　次：2024 年 1 月第 1 版　　印　次：2024 年 1 月第 1 次印刷
书　　号：ISBN 978-7-213-11246-1
定　　价：58.00 元

如发现印装质量问题，影响阅读，请与市场部联系调换。

希望，
存在于朋友、家人、信仰、艺术等
你身边的每一个角落。
愿你去发现它！

"超级老人"与"普通老人"

大家不必为晚年感到焦虑。

我这么说，可能有人会觉得奇怪，认为我是在胡说八道，从而口诛笔伐我。所以，比起聊"晚年无忧"，也许说点"多为将来做些准备吧""注意健康，多攒些钱吧"这种接地气的话更让人感到实在和轻松。但作为医生，我每天都在接触老年患者，他们中有很多人看上去真的很痛苦，对未来充满了担忧。看到这些老人，我觉得还是有必要告诉他们，未来是有希望的。因此，我再次重申，真的不必为晚年感到焦虑。

在与很多患者，尤其是老年患者的交谈中，我了解了他们对晚年的种种顾虑。比如，老了以后生活无法自理，就会被送进某个养老院；养老院的房间不隔音，被隔壁吵得根本无法安眠；尿不湿上都是尿，满屋子尿骚味；硬板床躺得腰酸背痛；天天吃冷饭……

就算不会被送去养老院，他们也还有其他担心，满脑子都是各种问题：

关于护理：如果生活不能自理了，谁来照顾我？怎么照顾我？

关于钱：养老的钱够吗？

关于健康：老了会生病的吧？病了怎么办？

关于孤独感：孤零零一人会很寂寞吧？我会孤独死吗？

也有极少数老人没有这些顾虑，他们被称为"超级老人"。日本生命保险文化中心[1]的调查结果显示，有13.2%的老人表示"养老无忧"。作为一名在职眼科医生，我累计接诊过十万多名老年患者，确实遇到过这样的超级老人，也很想要成为这样的超级老人。就像与我有来往的日野原重明老师[2]（1911—2017），他虽已年过期颐，但还能开讲座，玩社交平台。很多人都想成为日野原老师那样的人，但并不是所有人都能成为这样的"超级老人"。

有人觉得"这可以效仿"，也有人觉得"无法效仿"。超级老人们往往生活积极且有安全感，他们社交能力强，广受爱戴，且财务自由，对未来充满信心。这的确难以依葫芦画瓢地效仿。现实生活中，更多的是平凡的普通老人，他们孤单寂寞，容易上当受骗，每天辛辛苦苦照顾家人。即便不至于此，"普通老人"们多多少少都会对自己的晚年生活感到不安。

---

1 日本于 1976 年设立的为提高国民生活质量、保证国民生活安稳的公益性团体。——译者注（如无特别说明，以下均为译者注）

2 日本提倡预防医学的第一人，2005 年日本文化勋章获得者，活到了106 岁高龄。

什么是人工智能的"寒武纪"

近年来出现的人工智能、大数据、物联网等众多新技术，让我们认识到不是超级老人也能安度晚年了。他们可以住在自己住惯了的家里，睡着松软的床，盖着温暖的被；早起有香喷喷的米饭，丰衣足食；健康地生活，做自己感兴趣的事……最新技术为这一切提供了可能。

当然，我毕竟只是眼科医生，平时接触的都是病人，在老年人的身体健康方面我是专业的，但在新技术方面并非专家。所以一开始我也觉得"有了人工智能，也不会有什么变化吧"，把某事某物炒得沸沸扬扬的，不是社会上常有的事嘛。但是，最近几年，人工智能等新技术逐渐进入医学领域。可以断言，只要能正确利用这些新技术，我们的老年生活一定会发生巨大的变化。

听起来这些新技术好像跟眼科没什么关系，其实不然。被谷歌收购的 DeepMind[1] 公司很早就开始了眼科方面的研究，开展了通过分析医疗影像图（眼底照片）进行的

---

1 谷歌旗下的前沿人工智能企业。

AI 诊断。而且，你知道吗，据说现在的 AI 都"长眼睛"了。这也被称为人工智能的"寒武纪生命大爆发"。

"寒武纪生命大爆发"原本是出现在古生物学研究中的词语。在 5 亿多年前的寒武纪时期，生物体有了眼睛，地球上一下子诞生出多种多样的生物体。由于新生物的迅猛出现，这一时期被称为"寒武纪生命大爆发"。可以说，在 AI 有了"眼睛"的当今时代，正可谓是人工智能的"寒武纪生命大爆发"时期。

那么，为什么谷歌旗下的 DeepMind 会关注眼疾呢？实际上，运用人工智能很容易就能进行眼疾治疗。因为眼睛（眼球）构造相对简单，所以给眼球拍照其实很简单，不太需要像断层扫描（CT）或核磁共振成像（MRI）那样的大型机器。现在，只需在手机里安装一个应用软件，对着眼球拍张照，就可以进行诊断。这种简便性促进了 AI 诊断技术的发展，也有利于向全世界传递这些先进信息。

在这样的社会背景下，我有幸获得了在"日本深度学习协会"（Japan Deep Learning Association）的进修资格，学习了一些人工智能相关的知识和技术。说实话，这些知识也许只是一些皮毛，但只要掌握了这些，就能更深入、更广泛地了解医疗领域的人工智能应用。此后，我又尝试阅读了一些最新技术的相关书籍，不过内容大都比较晦涩。我主要着眼于"技术的演化"，所以当我跟周围的朋友说起人工智能时，他们总觉得跟自己没有关系，认为那些技术都太遥远了。

的确，说起"到了 2045 年，AI 将比人类更聪明"，确实会让人一下子反应不过来，毕竟那是 20 多年以后的事了。"马上进入自动驾驶时代啦！"的消息不也喧嚣一时吗？如果去问研发人员，再对照政府关于未来的指导方针后，就会发现那其实还远得很。

如果有一天，人类可以将自己所有的工作完全交给 AI，那么，在那一天来临之前，事先了解好"如何与 AI 等最新技术打交道""AI 时代的生活方式"也是非常重要的。事实上，眼科领域现在已经有了 AI 诊断技术，但我们清楚地知道不能完全依赖 AI，而是要与 AI 合作，好好地利用 AI。那怎样才算是好的利用呢？我希望能从眼科医生和接诊老年人的相关经验等专业角度，在与大家共同学习新技术的同时，向大家做一些介绍。

密集式生活与稀松式生活

对于最新技术的运用和具体细节，科研人员一定比我更懂。如果你认为自己对新技术已悉数了解，建议你阅读专业书籍。本书的原则在于"易懂"，因此会跳过那些复杂的定义。

比如，"什么是人工智能？"要讲清楚这一基本概念，首先需要几十页的篇幅，而且不同的专家还有不同的意见。所以，在本书中，我将从接诊老年人的医生视角，从人工智能在医疗领域的实际应用来为它下定义。对于熟悉人工智能的人来说，可能会认为书中内容都是老生常谈，太过肤浅，如果你能将阅读本书当作对 AI 基本知识的复习，我将不胜荣幸。

自动驾驶、人工智能、VR、AR、金融科技、区块链、物联网、共享经济、大数据、奇点等这些新名词，你是否听说过？或者听说过但不太了解？还是没听说过的比较多？如果你想了解自己未来的生活，想知道人工智能将如何帮助自己安度晚年，AI 时代又该如何定义自己的生活方式，那么，我想这本书对你来说一定是有帮助的。

以人工智能为代表的新技术的出现，迫使我们去改变曾经的生活方式。之前，人们最关心的是"我有多少钱"，所以就会担心"要是没有 2000 万日元的存款，老了就没保障"。但现在，随着新技术的出现，相比于这种"所有式"的"密集式生活方式"，保持适当距离的"稀松式生活方式"可能更适合我们。也就是说，需要适当地与家人、人群和技术保持一定距离。新型冠状病毒的传播也曾让我们的生活方式发生了改变，要求我们尽量避免"三密"（即"密闭""密集""密接"）。今后[1]，就算疫情过去，我们的生活也不可能完全回到从前。同样，随着新技术的介入，我们的生活也一定会发生变化。

这并不是说我们要完全抛弃以前的想法，其实不仅"稀松式生活方式"很重要，"密集式生活方式"也很重要。但这还不够，我们还需要掌握新的思考方式。也许有些人

---

1 原书写于全球疫情暴发期间。

会认为"等技术发展起来了再考虑也不迟",但我想说,新技术已经就在眼前了。

技术与衰老的交叉点

以医生为例,当人工智能进入医学领域时,有的医生会有敌对情绪,赌气"不能输给 AI",或无视 AI,认为"反正 AI 没什么用,无所谓",故而与 AI 保持极端距离。也有一些医生认为"既然有了 AI,那就全交给 AI 好了",故而极端地与 AI 零距离接近。

事实上,我们应该思考的是"如何与 AI 保持合适的距离,共生共存",这才是适应人工智能时代的正确生活方式。在诊断前列腺癌时,人类的诊断精准度为 0.721,AI 为 0.845(越接近 1 越好)。但如果人类利用 AI,则可将精准度进一步提高到 0.889(理化学研究所、日本医科大学的共同研究小组的研究结果,摘自《自然通讯》2019年 12 月 18 日刊)。

综上所述,当我们在考虑人工智能时代的生活方式,尤其是老年人如何与人工智能和谐共处时，我们就先从本书的第一章——未来的出行方式，即自动驾驶开始，这也是相对比较容易理解的一个领域。可以说，自动驾驶正是"技术与衰老的交叉点"。我的父母现在出行时主要是由我母亲开车。他们住在东京都多摩市的郊区，去医院必须用车。但是再过几年，他们开车出行估计就会出现困难。那时该怎么办呢？叫出租车，还是自动驾驶？

今后，我们的生活将发生怎样的变化呢？接下来，让我们一起思考自动驾驶时代的生活方式吧。

第 2 章

老年人与尖端医疗

第 3 章

AI 能消除老年人的"孤独死"吗？

第 4 章

护理、阿尔茨海默病、养老金不足
——老年人的不安与 AI 应用

第 1 章

老年人与自动驾驶

"技术与衰老的交叉点"——自动驾驶的 5 个等级

说起自动驾驶，人们或许并没有意识到这会与老年人的出行有关，而且也不曾为自己老年出行有过担忧。事实上，我和身边的人聊到将来的出行时，很少有人真正把这当作一个问题来看待，虽然他们也会说"这么看来确实很重要"。其实，如今在自动驾驶领域已经有了很多高新技术，另一方面，手动驾驶中涉及老年驾驶员的交通事故率也在持续走高。从这两个角度来看，可以说自动驾驶就是"新技术与老龄化的交叉点"。

如果实现了自动驾驶，无论是需要护理的老人，还是有认知障碍的患者都能够自由出行，身体不适需要去医院时也会更方便；跑医院不用每次打车，车费不再是问题；远距离通勤无须自己驱车劳顿，为了孩子的成长住在离城市远一些的地方也没有关系，房租还能便宜。这些都是实现自动驾驶带给我们的好处。谷歌旗下的 Waymo 公司现在正在美国运营无人驾驶的出租车，日本的丰田公司也正致力于自动驾驶汽车的研发。

当我听到这些消息时，我兴奋地想，"自动驾驶的时代马上就要到来了，我和父母的晚年出行没有问题了"。在我看来，自动驾驶马上就能实现了。但也有人认为自动驾驶根本不可能实现。

你怎么看呢?

我曾以为自动驾驶时代近在咫尺，因为谷歌和丰田都在为此铆足了劲;也曾质疑那些认为自动驾驶不可能实现的人目光短浅。其实这些想法本身就是错误的，因为我甚至连"自动驾驶"的含义都还没有真正理解。

我最初听到"自动驾驶"一词时，单纯地以为就是双手离开方向盘，整个驾驶过程都交由汽车的电脑系统自动完成的一个过程。直到一番了解之后才知道，我们现在使用的汽车上安装的"高速巡航"和"防碰撞制动"系统就是属于自动驾驶的一种。虽然看似手动，但的确属于自动驾驶的范畴。我因为在做视野范围与交通事故的关联性研究，所以有机会实地参观了自动驾驶技术的研究设备，在和研发人员的交谈中终于明白了其中的原理。

很多人应该都知道，自动驾驶也会分级别。确实，目前的自动驾驶大致分为以下 6 个等级：

0 级　普通驾驶（无自动化）

1 级　辅助驾驶（驾驶员辅助）

2 级　部分自动驾驶（部分自动化）

3 级　在规定区域内自动驾驶（条件自动化）

4 级　基本自动驾驶（高度自动化）

5 级　完全自动驾驶（完全自动化）

现代汽车上普遍配置的防碰撞自动刹车功能就相当于 1 级自动驾驶。除此之外，有没有更高级别的自动驾驶呢？有的。目前全球公认的自动驾驶级别是 2 到 3 级。丰田、本田、日产等日本国内品牌已经做好了向市场投放 3 级自动驾驶汽车的准备。特斯拉、谷歌等国际企业也在致力于 3 级自动驾驶汽车的开发。

1 级自动驾驶的汽车能够做到在紧急制动时减轻碰撞伤害。日本车企斯巴鲁就是因为这项技术而出名的,其很多车型都采用了这项技术。

在 2 级自动驾驶状态下,驾驶员的手可以偶尔离开方向盘。现在一些高级车都有自动巡航(巡航控制)功能,它能够让汽车在高速公路等交通道路上行驶时,根据与前方车辆的车距自动调整车速。我们可以简单地认为,2 级自动驾驶是在自动巡航的基础上的加强功能。

从 3 级自动驾驶开始,才真正进入了驾驶的自动化阶段。例如,一些日本汽车上装有"在东京到名古屋的高速公路段开启自动驾驶"的系统。但是,路程中一旦遇到突发状况,就必须转为手动驾驶。此外,规定区域之外的路段也必须手动驾驶,比如,过了名古屋,就得回到手动驾驶。总之,3 级自动驾驶需要不断地在手动和自动驾驶间来回切换。

4 级自动驾驶比 3 级的可自动驾驶的区域更广。不仅限于高速公路,日常生活中的一般路段,基本上都可以实现自动驾驶。

5 级自动驾驶才是一般人想象中的"自动驾驶"。简单来说，达到 5 级自动驾驶级别后，就像有了自己的"专属司机"。你可以坐在后座打电话、吃东西，干什么都可以，车会自动送你到目的地。

之前的我连自动驾驶有等级之分都不知道，却去谈论自动驾驶的可能与不可能，未免有些滑稽可笑了。

现在，人们普遍认可 3 级以内的"手动加自动驾驶"（部分自动化）是完全可以投入使用的，关键是 4 到 5 级的自动驾驶能在多大程度上实现。为此，我们必须知道自动驾驶需要怎样的技术支持，这些技术目前发展到了什么程度，以及预计在什么时候能完成这些技术的准备，等等。

5G、AI 和大数据是必要条件

那么，发展自动驾驶到底需要怎样的技术支持，后续还需要什么条件呢？

首先，我们需要的是三大系统：

（1）利用摄像头获取外部信息的系统；

（2）对获取到的信息进行识别和处理的系统，如辨别前方障碍物是垃圾袋还是必须避开的危险物，并进行相应处理；

（3）自动启动系统。

其实，这三大系统中的第3个系统并不难实现，关键是前2个系统。

第1个系统不仅仅包括车载摄像头这一项技术，它还必须获取能够利用GPS获取的道路拥堵状况、附近车辆信息，和能够判断是否有坠物风险等情况的数据。因此，首先需要的就是大量的摄像头，同时还要能连接上互联网。

如今，摄像头的品质已足够高了，这一点倒不必担心，问题在于与互联网的连接上。我们平常在使用智能手机时，时不时会出现卡顿现象，甚至还会突然掉线断网。如果只是手机，可以稍微等一等或者换信号好的地方。但如果是汽车，在本该拐弯的地方突然失去了信号，必然会引起交通事故，甚至危及人的生命。因为一辆时速60公里的汽车，若信号延迟 1 秒，汽车将继续前行 16.7 米。因此，要想实现自动驾驶，我们必须要有比现在更快更稳定的网络才行。

这种更快更稳定的网络就是现在人们常说的 5G 网络。5G 的 "G" 是 Generation（世代）的首字母，5G 指的是第五代移动通信技术。但人们往往误以为 5G 是 5Giga 的缩略，连电视节目里也出现过这个错误的解释。Giga 是用于表示频率 GHz（千兆赫兹）或计算机内存（容量）5GB（千兆字节）的单位。

1G 时代，日本正值 20 世纪八九十年代泡沫经济期，这一时期流行的便携通信设备是比较大的携带式电话（手机）。到了 2G 时代，这种携带式电话的体积开始变小，而且可以发送字数有限的短信。进入 3G 时代后，i-Mode[1] 服务出现了，手机有了彩信功能，可以附加照片。到 4G 时代，就已是智能手机普及的时代了。

显然，单纯提高汽车的自身性能是无论如何都不可能实现自动驾驶的。如果不在全国各地建起 5G 基站，就

---

1 日本 NTT 公司于 1991 年推出的移动上网服务。

算有了自动驾驶的汽车，也只能是在非常有限的区域内行驶。试想开车去山里玩，结果汽车因为网络问题停在半路上……那多扫兴啊。

你或许听说过"人口覆盖率99%"之类的说法。4G时代之前，我们对于手机网络看重的就是人口覆盖率。那时的手机只是作为通信工具使用，信号不用覆盖到荒无人烟的山里。就算去了山里，手机没了信号，说一句"没办法，这儿没信号"也就算了。但是在5G时代，考虑到自动驾驶的汽车也会进入山区，对覆盖率的考虑面就不一样了。也就是说，我们现在应该关注的不再是人口覆盖率，而应该是"基础设施覆盖率"，即5G信号在全日本范围内的覆盖率。

日本总务省的目标是到2025年5G网络的覆盖率达到50%。这意味着，即便5G以外的所有自动驾驶条件，如AI、摄像头、相关法律法规等都已到位，全国也只有一半地区能够实现自动驾驶。更进一步说，在5G信号覆盖全日本之前，人们是无法放心地在目的地之间进行自动驾驶的。

让我们再来看第 2 个系统。其实第 2 个系统属于判断系统。它会基于摄像头获取的信息，对踩油门、打方向盘，或是改变车道等做出相应的安全判断。这里就需要基于 AI 的判断，以及帮助提高判断准确率的大数据。人们常说的"大数据"多指体量特别大的数据或海量数据。现代人已经能够通过各种仪器、互联网等获取过去无法想象的海量数据，并灵活运用这些数据。

这里所讨论的大数据，指的是大量的驾驶数据。基于这些驾驶大数据，AI 将深度学习如何做出驾驶状态下的各种判断，如"此时应该打方向盘"或"此时应该踩油门"，等等。

你可能认为这很简单，其实研发人员做的远比我们想象的更加复杂和细致。我们人类总能判断不小心踩在脚下的障碍物是否安全。但如果是交给计算机来判断，就必须在瞬间就准确识别障碍物是塑料袋还是大石头。为此，系统就需要储备大量塑料袋的数据，而且不仅要有白色塑料袋的数据，还要有容易与石头看混的灰色塑料袋的数据。在识别了是塑料袋的基础之上，还需要有数据，以判断面对这个塑料袋是应该踩刹车还是应该打方向盘更能规避事故。

即使只有 0.01% 的概率，也要收集数据

其实，在日常驾驶中，我们会遇到很多难以预料的情况。比如，大雾天能见度低，路面积雪导致打滑，制动距离拉长，小孩突然冲上马路，突发地震，前方车辆坠物，沙尘天气……这些都是我们极少遇到但确实有可能经历的情况，所以我们不能把这类事件当作偶发的小概率事件而忽视。试想，在我们的实际驾驶中，当有 8000 万人运用自动驾驶技术行驶在路上时，就算只有 0.01%（万分之一）的事故发生率，每天也会有 8000 起事故发生。不怕一万只怕万一，偶发性事故的数据也必须大量收集。

正因为如此，谷歌等众多企业都会通过车辆的实际上路行驶来获取交通数据。你可能觉得，数据采集一年就差不多了吧。事实上，要获得足够多概率只有 0.01% 的偶发性事故的数据，一年时间是远远不够的。

此外，还有一个被遗漏的因素，那就是不同国家有

不同的交通规则。不仅仅是右行和左行的区别，各国的交通标识也不尽相同。所以，在美国"最安全的车"到了日本可能只是一堆废铁。在这一点上，自动驾驶汽车与计算机之类的产品有着很大的区别。

鉴于多方因素的考虑，诸如"谷歌的自动驾驶汽车何时能真正投入实际使用"等这类针对自动驾驶的海外讨论，其实并不完全适用于日本，因为日本自有日本的具体情况。日本内阁府发布的《官民 ITS 构想·路线图 2019》[1] 显示，将在 2025 年以后实现卡车在高速公路上的 4 级自动驾驶，普通汽车则是在 2025 年左右实现。对此，也有许多人持怀疑态度。他们认为再怎么快，2025 年也只能实现仅限于高速公路上的部分自动驾驶。结合 5G 的基础设施覆盖率在 2025 年达到 50% 的规划考虑，人们的这一推断也算合理。我个人猜测，到 2025 年，大概能达到高速公路上一辆由人驾驶的卡车后面跟几辆自动驾驶卡车的程度吧。

2018 年 5 月 29 日，一辆处于自动驾驶模式的特斯拉

1 日本为建设世界最尖端高端道路交通系统（ITS），从 2014 年开始每年制定一次"官民 ITS 构想·路线图"。

轿车撞上了停在路边的警车，致使特斯拉司机受伤。特斯拉由自动驾驶引发的致死交通事故已有发生。

由此可见，自动驾驶至少需要有 5G、AI 和大数据等技术的支持。世界上没有任何一项技术起步即完美。大数据不够"大"，意外事故就会增多。但是，如果在因意外事故，如地震、火灾、突如其来的暴雪或冰雹造成的事故减少为零之前，都不允许自动驾驶的话，那么自动驾驶将永远无法实现。如此一来，如何划定以 AI 为首的高科技的安全范围，就成了一个关键课题。

在这一点上，许多制造商会含糊其词，甚至以"零风险"的噱头来推销汽车。2016 年和 2018 年，美国的佛罗里达州和加利福尼亚州，都发生过由特斯拉生产的自动驾驶汽车引起的交通事故，且造成了人员伤亡。造成这些事故的原因是，虽然汽车说明书上确实写有"车辆行驶过程中务必将脚置于制动踏板上"，但看其宣传广告，的确会让人误认为自动驾驶过程中人可以安心睡觉。

事实上，市面上正在销售的汽车中，很多车的广告都宣传其具备"自动刹车"功能，其中就包括大量让人误以为不踩刹车也能制动的表述（虽然有加小字注解）。这就好像保健品的广告中让吃过这种保健品的人陈述自己的感受，然后在屏幕底下用小字写上"仅代表个人观点"一样，是非常危险的行为。但要完全取缔这样的广告也是不可能的，所以只能靠我们消费者自己多加注意。

对变化的恐惧

变化对人类来说是很可怕的一件事，无论变化的是什么。就连换洗发水，我们也会担心"要是不好用怎么办"，想维持现状，更不必说是性命攸关的汽车驾驶，而且是由手动变成自动这种巨大的变化。总之，变化就意味着风险。

对于自动驾驶领域的风险，其最大界限在于是否有人类干预。有人干预，即驾驶的最后责任在人，那么，在遇到紧急情况时人就必须踩刹车，这就与目前的情况没有太大的区别。因此，从理论上讲，自动驾驶的等级越高，安全性就越高。换句话说，人工智能引入越多，理论上的安全性就会越高（之所以加了"理论上"，是因为新事物刚引入时，都需要时间磨合，所以一段时间内其引发的事故反而会增加）。

反之，如果是完全的自动驾驶，那么进行操作的自始至终就只有机器了。即便遇到什么危险情况，人是坐在后座上的，可能在打盹或看书，所以也鞭长莫及。这就相当于比过去少了一个安全阀。这对原本就害怕变化的人来说是不能接受的事情。此外，对于不开车的人来说也不是完全无所谓。想想大街上如果有自动驾驶汽车在行驶，那么随时都可能发生意外事故，这就意味着自己走在街上却被卷入事故的风险在增加，所以人们才会感到不安。

那么，自动驾驶的用户可以有哪些选择呢？

在我看来，大致有三种选择。一是相信自动驾驶的安全性会越来越高，在早期阶段就开始使用；二是观望，视情况而定；三是静待技术完全成熟后再使用。其中，第二种选择能大概率地降低事故的发生率。事实上，社会的进步需要人们去选择第一种方式，但也会有人觉得不一定要自己或者家人来担起这个重任。反之，第三种选择，是在完全避免了事故发生的同时也放弃了让生活更便捷的机会。所以，还是第二种选择更保险。

这里，我还是想特别提醒"很容易接受新事物的人"和"很难接受新事物的人"要多加留意。如果你和你的家人也属于其中之一，在关乎性命的问题上，请一定三思而后行。

除了这些理论上的安全性问题外，还存在心理上的安全性问题。举例来说，分娩曾经是一种"冒着生命危险"的行为，造成母子双亡的概率也很高。日本妇产科学会[1]的《产妇死亡报告》显示，20世纪90年代，日本40岁以上孕产妇的生产死亡率为0.1247%，进入21世纪后下降到0.0118%，约为之前的1/10。如今，分娩过程中母子双亡的情况已非常罕见了。

在过去，人们对安全分娩心存感激；对母子双亡的结果也能接受，毕竟在所难免。而现在，即使治疗和措施到位，人们对分娩事故的反应仍是"妇女怎么可能死于分娩？"因此，相比于内科，针对妇产科的诉讼案多出了一

---

1 日本于1949年成立的由妇产科医生加入的公益职能团体，宗旨是保障母子平安，增进女性健康，提高国民的保健水平。

倍。人们对安全性的过度追求，直接导致愿意接受分娩的妇产科科室从 2006 年的 3098 家减少到 2017 年的 2404 家，少了足足 694 家。由此可见，"实际安全"和"心理安全"完全是两码事。

"概率"与"事故"

比起概率，人们更容易被事故吸引。比如在医院，不论医生怎么劝导"你必须注意你的饮食，否则可能会引发脑梗，会有生命危险！"但很多患者依旧不以为意，听不进去。但当患者得知自己的朋友因脑梗而半身不遂之后，就立刻改变了自己的饮食习惯。其实，自动驾驶也是同样的道理。

根据日本内阁府的数据，在 2017 年发生的 472165 起交通事故中，造成死亡的事故有 3630 起（死亡人数 3694人）。死亡人员中有 2020 人是 65 岁以上的老人（约占 55%）。不过，被新闻报道出来的事故只是其中的极少部分。尤其是住在大城市，几乎看不到相关事故的报道。我住在山形县米泽市的时候，一些不太大的交通事故也会被当地新闻报道。后来搬到东京之后就没见过了。这是因为在米泽事故发生少，但在东京则是家常便饭，事故多到播不过来。换句话说，未来自动驾驶的安全性越高，发生的事故就越会成为新闻。这样一来，就会给人一种"自动驾驶很危险"的印象，尽管真实情况是其安全性正在提高。

如果是处于5级完全自动驾驶状态下的汽车发生了事故，那么这必定会成为热点新闻。即使只是自动驾驶途中撞上了护栏这种轻微自损的事故，媒体也会把它当作一个不小的新闻，更不用说是"国内第一起自动驾驶致死事故"，想想都会是"特大新闻"吧。新冠疫情在刚开始时也是一则重大新闻，但在日本政府发布首个"紧急事态宣言"[1]后，到当年的5月1日为止，累计死亡人数还不到500人。相比之下，日本每年有超过2万人死于肾衰竭，却没有成为新闻。可见，能成为新闻的都是新事、怪事，对于稀松平常的事情，再重大，人们都是不屑一顾的。

1 指日本在紧急情况下，国家或地区的政府为了广泛地提醒一般公众，对这种情况进行布告、宣言以发动特殊权限。此处的紧急事态宣言指的是对新冠疫情的紧急事态宣言。

此外，"死亡率降低"这类内容也很难有新闻价值。例如，自动驾驶汽车导致的事故死亡人数减少了300人，相比之前减少了10%，这其实代表着巨大的技术进步。但这300人的生命根本成不了新闻。

日本2019年的交通事故死亡人数为3215人，与2018年的3532人相比减少了317人，约10%。但是，大家有印象看到过这则新闻吗？然而，但凡发生一两起涉及自动驾驶汽车的事故，电视中就会出现这些画面：熊熊燃烧的汽车，救护车急促的鸣笛声，亲属撕心裂肺的悲泣声……这些都会给人留下"自动驾驶很危险"的印象。

我曾参加过NHK、TBS、日本电视台、富士电视台、东京电视台的多个访谈节目。电视台的人告诉我，"视觉效果很重要"！疾病的重要性固然需要强调，但如果不能给观众带来视觉上的冲击，观众就很难严肃对待疾病。比起单纯的统计数字，人们更容易对一张照片留下深刻印象。所以，相比听到"这是一种会导致1万人失明的眼疾"，还是看到一段眼里流着血的人的视频更能让他们触目惊心，哪怕那只是一起偶发事故。

虽然专家提醒说"我们更应该关注概率，而不是执着于一次事故"，但人们总会不自觉地去关注事故。那该如何解决这个问题呢？方法之一是，由自动驾驶的专家向社会说明"自动驾驶可以预防交通事故"这一事实，然后，再通过媒体和网络进行广泛宣传，这样一来人们的安全观念就会有所改变。尤其老年人，他们会更重视这类信息，因为他们当中的许多人愿意花钱买安全。虽然5级自动驾驶尚未投入实际应用，但自动驾驶的优势在于它能够让老年人安心开车。那些原本打算75岁以后就不开车的老人，现在可以一直开到80岁了。这意味着他们可以更长时间地驾驶，也是一件大好事。

为此，我们不仅需要降低实际的事故率，更要努力降低人们心理认知上的"事故率"。

自动驾驶导致的交通事故，责任在谁？

我们自己或父母在使用自动驾驶时，最担心的事就是把别人卷进事故中来。假如哪一天，父母开车不那么稳了，但借助自动驾驶还能再开几年，这时却因为交通事故不小心把别人卷了进来，那就悲惨了。而且，我们必定会面临一个问题——责任在谁？当然，就算明确了责任方也丝毫不会让事故受害者的家属释然，他们的心结在于"为什么偏偏是我，是我家"。就算发生交通事故的概率极低，只有十万分之一，但对于遭遇事故的人来说就是百分之百。而且越是偶发事件，人们越是会想"为什么只有我遇到这种事"。

疾病也是一样。高血压的人不会去想"为什么我有高血压"，但如果是孩子或者自己得了白血病，心里就会不平衡，会想"为什么是我的孩子""为什么是我。"事实就是，越是低概率事件，人们越是想寻求一个理由。因为只有确定了责任人，愤懑的情绪才会有出口。

现在的交通事故，通常都有明确的肇事方和受害方，根据事故发生时的驾驶状况，双方各负其责。那么，在自动驾驶模式下，由电脑控制的车辆引起的交通事故，其责任又该怎么认定呢？

在还需要人介入的自动驾驶时代，最终事故的责任当然在人。也就是说与现在的情况没什么差别。所以，即使自动驾驶的安全性提高了，也依然存在年迈的父母引发交通事故并牵涉他人的风险。

如果驾驶说明书上明确写有"自动驾驶状态下可双手离开方向盘，不必特别关注前方路况"，那么一旦发生事故，必然就是汽车生产方的问题了。反过来，如果说明书上写的是"自动驾驶模式下发生紧急情况时请务必手动驾驶"，那么责任就在驾驶员。目前，对于自动驾驶造成的交通事故，几乎所有国家都是归责于驾驶员，这样既与之前情况保持了一致，人们在心理上也容易接受。前文提到的两起特斯拉汽车的交通事故，以及 2018 年 4 月 29 日在日本发生的特斯拉汽车东名高速公路的交通事故，都是因为汽车处于 2 级自动驾驶状态，在应该启动制动时没有启动造成的。但因驾驶员当时正好在打盹，所以最后责任还是在驾驶员。

此外，尽可能地让驾驶员承担责任也更利于促进自动驾驶技术的开发。如果开发公司要为哪怕只有一次的交通事故负全责，他们就会非常谨慎。毕竟保险索赔和诉讼费也是一大笔费用。因此，英国、德国等国家强制要求车主购买保险，美国的一些州也在考虑强制保险。

这里有一个潜在的问题，那就是我们可能会"被要求对没有做过的事情负责"。试想一下，你购买了一辆宣称能在高速公路上自动驾驶的汽车。于是，你在高速公路上行驶时开启了自动驾驶模式，为了以防万一，你把脚轻放在刹车踏板上，手握方向盘，目视前方。突然，自动驾驶的汽车变换了车道，眼看与前车车距越来越近，情急之中你踩了刹车，但还是发生了追尾并造成前车车内人员的伤亡。最终，责任落在了紧握方向盘的你身上。因为刑事责任，你被传唤到法庭，同时还要做出民事赔偿。不仅如此，在心理上，你还得背负着致人死伤的悔恨度过余生。

是不是觉得特别委屈？明明事故的直接原因是"机器"，但就因为必须要有人出来承担责任，你就被认定为责任人。对于这种情况，我们现在也是无能为力。在医院也是一样，手术过程中如果手术器械出现意外导致医疗事故的发生，也是由执刀医生负全责。我也曾遇到过定期维护的器械在手术中出现问题的情况。虽然那一次费尽周章顺利完成了手术，但万一手术失败了呢？结果会怎样呢？我不禁感到一阵后怕。手术失败不仅会给执刀医生留下心理阴影，还会招致患者家属对医生的怨恨。我想，今后随着自动驾驶的普及，这类问题也会越发明显。

等到了不需要人类介入的完全自动驾驶时代，全社会就会达成一个共识，即"绝对不是驾驶员的责任"，到时候发生交通事故后，很可能就是去追究汽车制造商的责任了。然而对于受害者来说，他们虽然可以得到金钱上的补偿，但愤怒的矛头却不知该指向哪里了。

不要重蹈医疗领域的覆辙

人们在"安全"问题上，尤其追求万无一失。医疗行业也是如此。哪怕是成功率99%的手术也会有1%的意外风险，这在医学上是完全没有问题的。然而，患者方一般会这么想："手术应该不会出现什么问题吧！"也就是说，在人的潜意识里，"99%成功率＝意外不是我"。

这种医学角度的"无意外"，对一般人来说，是可"理解"却不可"接受"的。当听到"手术有 99% 的成功率"时,你脑子里想的是不是手术绝对安全、完全没有问题?其实医生的意思是"手术也存在 1% 的风险",而且失败的病例还不少。人们往往以为这"1%"是可以预测的,其实不然。如果能预测,那些有 1% 风险率的患者就不会选择做手术了。

如果是完全自动化的 AI 手术,在遇到意外情况时,"按理"应该是能应对的。实际上,医生在手术过程中也会面临需要处理的突发状况,就算地震了、停电了也要让手术安全结束,但也不可能十全十美。所以,要开发出能应对所有"意外"的 AI 是不可能的。这也就意味着,我们要在一定程度上允许 AI 犯错。

如果 AI 只是搞错了小鸡的雌雄分类,倒是无所谓。但如果是在自动驾驶的车上,AI 将对向来车误判为车影使得汽车直接撞了上去,那就成了危及人生命的问题了。

尤其是自动驾驶、医疗、护理等与人的生命相关的领域,"不能有人的干预"在理论上是正确的方向,但其中也存在着伦理问题和心理障碍问题,如果不能理解这一点,那么在推进 AI 时,人们普遍就会产生"排斥感"。

其实，最迫切需要 AI 快速发展的领域都是攸关人命的领域，这是人类发展的必要过程。所以我们必须要努力做到让人们不再排斥 AI。

我之所以要说这些，是因为我不希望自动驾驶等领域重蹈医疗领域的覆辙。在日本，宫颈癌疫苗已从推荐疫苗（通知到个人，建议大家去接种的疫苗）中被删除了。根据日本大阪大学的研究数据，这一改变会直接导致宫颈癌患者增加 1.7 万人，死亡人数也会增加 4000 人。

宫颈癌疫苗之所以被删除，是因为许多人在接种疫苗之后出现了不良反应，而这一消息被媒体大肆报道。当然，遭遇不幸的确令人难过，我们都希望风险为零，但不恰当的信息处理方式反而会让更多的人不幸。所以，对于自动驾驶等新技术，希望大家不要沮丧，等过了磨合阶段，就一定会迎来更美好的未来。话虽如此，如果相关费用太高也着实让人头疼。到底会花多少钱，那得看自己或父母的使用情况了。

自动驾驶汽车的价格如何？

不论多么好、多么方便的东西，价格问题如果不明确就无法推广下去。有些人误以为在身体健康方面人是不会吝啬金钱的，但我在医院里看到的就不是这样的。不管是自动驾驶，还是医疗、护理，可以说所有领域都是如此。

在医院里经常会发生这样的事情。由糖尿病引发的视网膜病变会导致患者失明，需要及时接受治疗。可事实是我见过许多即将失明却对自己的状况毫不关心的患者，最后不得不接受手术治疗。

"不做手术会失明的。"

我常常劝说这类患者要及时手术。虽然手术费需要几十万日元，但如果申请国家大额医疗保障[1]，就只需 10 万日元左右。即便如此，仍有患者说"我手里没钱，做不

---

1 日本有两大医保系统：一类是由地方政府运营管理的"国民健康保险"；一类是由就职公司所属的行业协会负责运营的"协会健康保险"。不论是"国保"还是"健保"，医保的报销比例都是 70%，尽管个人只需负担 30% 的医疗费，但遇到大病还是一笔不小的开支。因此日本另外设立了大额医疗费保障："高额疗养费制度"。该制度设置了个人医疗费用（月额）的上限，不论是普通门诊还是手术住院，只要个人医疗费用超过"红线"，超过部分全部报销。

了"。我费尽心思想说服他们："你可以分期，也可以术后再付款，还有各种政府咨询窗口，我们一起努力一定要治好它。"而且，有些地方还有针对低收入患者实行免费治疗的机构。但是，不管怎么劝，都还是会有人以没钱为由拒绝手术。

就算没有到过于极端的程度，但因为钱的问题放弃治疗的患者也的确是比过去多了。重症疾病的治疗尚且如此，就算日后我们利用人工智能实现了自动驾驶，其价格问题真的能解决吗？我认为这才是自动驾驶能否普及的关键。

试想一下，如果有一辆车，能一键完成从家到购物中心的自动行驶，那确实很方便。但在车辆刚上市的时候，大家都还不习惯，也不太会有人去买，车价必然趋高。

"鸿沟理论"["鸿沟"取自美国的营销顾问杰弗里·摩尔（Jeoffrey Moore）的著作标题]就很好地说明了高新技术产品的普及规律，其解释合理，也具有普遍性。接下来就让我们一起来了解一下这个理论吧。

该理论称，创新性新商品的普及过程大都呈S形曲线（见图 1-1）。在普及初期，市场上只有 2.5% 的"创新者"（Innovator）会购买，他们通常是喜欢尝试新事物的人。之后是 13.5% 的"初期采用者"（Early Adopters）会开始使用新产品，这一人群往往对流行比较敏感，会提前购买新商品。接下来，当 34% 的多数派"早期大众"（Early Majority）购买时，就会一下子加速新产品的普及。最终普及到 34% 的多数派"后期大众"（Late Majority）中后，剩下的 16% 对创新毫无兴趣的"落后者"（Laggard）才渐渐开始使用新商品。到此新产品的普及就算完成了。要知道，只有创新者购买的商品不是畅销商品，而初期采用者购买的商品是小规模畅销的商品。一旦跨越初期采用者和早期大众之间的"鸿沟"，商品就会变得非常畅销。

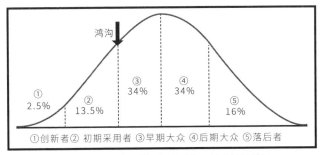

当新产品跨越了②和③之间的鸿沟，就会快速普及

图1-1　鸿沟理论

例如，空气净化器就是跨越了这一"鸿沟"的实例。目前日本空气净化器的普及率已经达到43.8%。智能马桶座在2000年的普及率为41%，现在已扩大到80.2%。空调的普及率在1975年左右跨越了"鸿沟"，达到17.2%，到1980年时上升到39.2%，1985年时超过半数达到52.3%，目前已达91.1%。彩色电视机的普及率在1970年时达到26.3%，跨越"鸿沟"之后在1975年飙升至90.3%。

智能手机也是一个很好的例子。智能手机的前身并不叫智能手机，而是统称为掌上电脑（PDA）。早在1993年，苹果公司推出了一款名为"牛顿"（Apple Newton）的手机，但终因没能跨越"鸿沟"而消失在市场上。1999年，日本推出i-Mode服务，2007年，初代iPhone推出（2008年在日本上市）。随着iPhone的出现，智能手机成功跨越"鸿沟"，普及率从2010年的9.7%上升到2011年的29.3%，2012年又迅速冲到49.5%（以上数据来自一般财团法人家电产品协会《家电产业指南2018节选版》）。

根据鸿沟理论，想要普及自动驾驶汽车，就必须让早期大众购买起来。

那么，首先我们来看看自动驾驶行业的现状。

德国奥迪公司生产的 A8 作为一款搭载了 3 级自动驾驶系统的量贩车而备受瞩目，该车共有 3 种型号，定价从 1172 万日元到 1686 万日元不等，可以说价格不菲（二手车的售价也要 700 万日元左右）。那么，售价多少才会让人有购买意愿呢？ 1000 万、500 万、300 万，还是 100 万日元？

据 2019 年 1 月日本汽车销售联合会的统计（见表 1-1），上一年所售出的 342477 辆奥迪新车[1]中，普通车是 120037 辆，小型车是 97725 辆，微型车是 124715 辆。2018 年 12 月发布的奥迪二手车市场数据显示，普通车是 147833 辆，小型车是 115402 辆，微型车是 184523 辆（二手微型车的销售数据源自全国轻型车协会联合会统计）。

从这些销量可以看出，普通车、小型车、微型车的价格自然会慢慢下降，但最初都是有钱人在买。当价格降

---

1 日本新车统计按照底盘结构分为乘用车和货车。按照车身尺寸和挂量分为普通车、小型车和微型车（其中乘用车排量指使用非柴油机的车型）。普通货车以载重量或总质量为依据进行细分。

到与新车的普通车一样时才会有 15% 的人购买。直到价格下降到和二手微型车差不多时，才会有 23% 的人（1/4）购买。

表1—1 2018年日本汽车销量统计

种 类		销售量（尾数值）
新车	普通车	120037 辆（15.2%）
	小型车	97725 辆（12.4%）
	微型车	124715 辆（15.8%）
二手车	普通车	147833 辆（18.7%）
	小型车	115402 辆（14.6%）
	微型车	184523 辆（23.4%）
合 计		790235 辆

· 数据来源：日本汽车销售联合会（2019 年 1 月发布）

大家可能会想，自动驾驶的车辆不需要人来驾驶，会不会要多掏钱？确实，完全自动驾驶的汽车一旦问世，遇到的竞争对手首先就是出租车。也就是说，开自动驾驶的车至少得比坐出租车便宜。但是比坐出租车便宜，大家就会立刻购买吗？不，也还是只有那些有余钱的人、那些日常生活中的出行都能打车的有钱人会买。事实上，一般人都是自己开车，只要不是长时间驾驶，很少有人会觉得开车是件麻烦事，也不会想着非要利用这点时间做点别的事情。况且，搭乘朋友或邻居车的人也不少，选择公交车人也很多。

这么一想，自动驾驶汽车的普及必然要经历这样一个过程：开发出自动驾驶汽车→少数有钱人购买→进一步普及到一般大众。

接下来，我们抛开钱的问题，看看自动驾驶的技术发展到了什么程度。

自动驾驶技术的现在与未来

目前，自动驾驶技术发展到什么程度了呢？不同的研究者有不同的说法。我曾在日本的一家研究机构就当前自动驾驶技术及全球趋势做过一次演讲。我在做准备工作时，翻阅了大量的研究资料。在了解了这些信息后，我只能说自动驾驶技术的开发还任重道远，但也只是时间问题了。

现在，全球范围内对自动驾驶在紧急情况下如何向驾驶员提出警示（是发出警报音还是出现警示画面）都还没有统一的标准。而且，已有的标准也都没有太考虑到人口老龄化的问题。例如，如果是报警音提示，那么对高频音不敏感的老年人或是有听力障碍的老年驾驶员就很难听到。如果是画面警示，对白内障患者、视力有缺陷的、视野狭窄的驾驶员也起不了作用。

也就是说，现在的自动驾驶技术还处于设定驾驶对象为"健康的成年人"的研究阶段。但 2014 年日本警察厅的驾照统计显示，65 岁以上的持照人占了 20%，也就是说每 5 个司机中就有 1 位是 65 岁以上的老人。

其实，真正能实现 5 级自动驾驶（无年龄限制）肯定也是很久以后的事。目前，也只有谷歌等少数企业是奔着 4—5 级去的，大部分企业的目标都是在现有基础上增加一些辅助系统，以争取达到 3—4 级的自动驾驶。例如，包括侧方停车在内的所有自动停车系统，对视觉障碍和听觉障碍司机提供辅助的系统，在混乱的十字路口发出警报并启动制动以避免事故发生的系统，以及自动监测闯红灯现象的系统，等等。相信在不久的将来，这些辅助系统都会逐一实现。

综上所述，想在近期（5 年内）实现完全自动驾驶可以说相当困难，不过 3 级辅助自动驾驶的汽车势必会增加。因此，我认为当前形势下的自动驾驶汽车的开发应该更多地为特殊人群考虑，比如老年人和疾病患者，以帮助他们安心驾驶。那么，对老年人友好的自动驾驶是怎样的呢？

老年人与自动驾驶

现在，老年驾驶员频频引发交通事故已经成了社会的一大问题。在 2020 年日本的交通死亡事故中，老年肇事者的占比高达 54.8%，且每年都在创历史新高。老年人开车撞死多人的事件也曾在新闻中被大肆报道。

这就容易给人留下一种印象：老人总是会"错把油门当刹车"。

针对这个问题，社会上还发生过一次讨论，即"是否应该强制安装防踩错系统，以减少老年人的交通肇事"。

你可能听过这条新闻："老人误踩刹车和油门的次数是年轻人的 8 倍。"在对交通死亡事故的原因分析中发现，同是误踩了刹车和油门，肇事者是 75 岁以下的共 20 起，占比 0.7%；肇事者是 75 岁以上的共 27 起，占比 5.9%。从具体数值来看，只相差 7 起。当然，5.9% 的比例也不算低，但也不足一成。

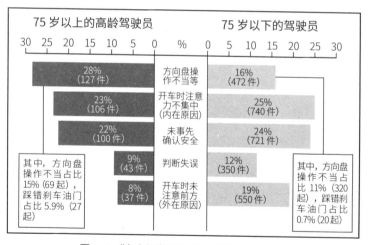

图1—2 "老人经常误踩刹车和油门"是真的吗？

· 数据来源：日本警察厅《机动车第一当事人死亡事故的人为原因比较》（2016 年）

既然事实如此，但为什么我们会认为"老年人容易踩错刹车和油门"呢？那是因为新闻里每天都在报道类似的事件，交警部门发布的数据里也会更多提到这一问题。有的人甚至坚定地认为"老年人就是容易踩错刹车和油门"。因为在大部分人的认知里，高龄就等于认知低下，自然容易犯踩错刹车和油门的错误。此外，汽车撞进便利店等造成严重事故的新闻画面也会给人们留下深刻印象。

但是，我们不能被这些刻板印象牵着鼻子走，必须要透过现象看到本质。如果在老年人的车辆上安装了防误踩系统，按概率就能挽救 27 条人命。在年轻人的车辆上增加提醒确认安全的功能，就可以挽救 721 条人命（参看前页图表）。无论是老年人还是年轻人都应该被重视，我们还是有必要在看清事实真相之后再做判断。

近期，似乎频频发生由老年驾驶员引起的交通事故。这确实不假，涉及老年人的事故总数的确在逐渐增加，老人也的确比年轻人更容易引发事故。可是，老年人的事故发生率正在下降也是事实，但是却没有被报道，从而让大家错误地认为老年人引发的事故在不断增加，事故率也比年轻人高。

造成这种局面的原因很简单，就是因为老年人口在增多，所以老年人引发的事故也势必会增多。若是年轻人口增多，同理，年轻人引发的事故也会增多。

所以我们必须承认，分析最真实的数据非常有必要，因为这些数据关系到我们以后的生活。换句话说，正因为是人工智能时代，人类才更应该客观冷静地看待数据，否则就容易被 AI 操控。

那么，老年人的实际驾车情况是怎样的呢？我在医院里经常会遇到为了拿驾照来治疗眼睛的患者。现在，获得驾照的条件之一是视力要求在 0.7 以上。有一些人在上一次更新驾照时视力还在 0.7 以上，而下一次就降到了 0.7 以下，这类患者通过治疗很快就能提高视力。同时，我也遇到过前来咨询驾驶问题的患者。比如，"不小心刮到旁边的车了，是不是因为视野范围变窄了""最近感觉看不清红绿灯，误闯红灯的次数多了"等等。这些情况中，有的是眼部疾病造成的，也有些是年龄增长带来的。

从法律上来说，取得驾照之后就可以驾驶汽车，但部分人群的驾驶风险是在逐年增加的。例如，因年纪大而眼睑下垂的人。这些人虽然可以通过手术将眼睑上提，但视力仍然达不到驾照要求的 0.7。所以，相关部门必须严格执行"眼睑下垂到一定程度的人禁止驾驶汽车"这一规定。另外，还要对老年人的视野范围进行测试，建议视野范围过窄的人做相应的手术。不过，相比于这些措施，还是在自动驾驶装置中加入禁闯红灯的系统更有效也更现实。这样不仅能防止老年人闯红灯，也能防止年轻人闯红灯，从而提高全年龄段的驾驶安全性。

作为接诊老年患者的医务工作者的心愿

前面我从大众科普的角度介绍了自动驾驶，接下来我将从医学和老年人的角度，谈谈我们希望自动驾驶的研发人员进行怎样的开发，以及怎样的自动驾驶汽车更容易被我们所接受。

在日本，3 级自动驾驶技术已确定在本田汽车中投入实际使用，但其使用非常受限，被业内人士称作是"奢侈的馈赠"。因为这些汽车只能在高速公路上不变道，且时速低于60公里的条件下才能启动3级自动驾驶。而在实际驾驶中，又有诸多限制，这与我们印象中所谓的"自动驾驶"相去甚远。想到自动驾驶的价格高昂，发展得如此缓慢也就不足为怪了，而且这种状态在一段时间内还会持续。所以，自动驾驶至少要发展到4级，否则难以满足市场和用户需求。为了那一天的到来，我希望研究人员能更多地为驾驶弱势群体考虑，把3级辅助驾驶功能，包括某些实用装置切实地投入到实际应用中。

这其实并不难。比如，可以为视力不佳的人在挡风玻璃上安装AR（增强现实，一种将虚拟信息与真实世界巧妙融合，从而实现对真实世界"增强"的技术）设备，可以为听力受损的人将警报声和喇叭声视觉化。此外，我们还特别希望能开发出随着年龄增长，视觉与听觉的辅助功能可以相应变化的车辆。

现在市面上的汽车不分"年轻人用车"和"老年人用车"。你可能觉得这很正常，但其实不同的年龄阶段适用的车是不一样的。是否可以生产出适合老年人的车呢？

就像手机中的"老人机"那样。比如，开发一种即使油门踩到底，车速也不会太快的车。其功能可以适当减少一些，取而代之的是更符合老年人习惯的操控系统。

上了年纪之后，99%的人都会患白内障，比起年轻人，老年人对对向车的车灯和早晚的阳光会更敏感。对此，可以在车上安装控制光线的装置。人的眼睛在感到刺眼时，瞳孔会变小，而在光线不足的地方，会越发感觉昏暗看不清楚。对此，可设置一个系统，能在夜间或隧道内行驶时，通过控制车头灯来提升亮度。对于老年人难以听到高频音这一点，可将警报音转换为视觉提醒。

此外，启动引擎时不要采用一键启动式，用车钥匙更好一些，刹车也不要用脚刹，用老式的手拉式刹车更好。因为，对老年人来说，"改变"不一定是好事，比起简便，易懂、好上手才更重要。

另外，考虑到老年人可能会因认知障碍而增加行车风险，可以设置一个系统，让车辆能自动记录行车数据并以邮件形式发送给关联人员（比如驾驶员的子女），这样一来，子女也能放心地让父母乘坐自动驾驶汽车。

当然，子女们的想法可能是"本来就不希望老人开车出行"，但这很难做到。从这个意义上来说，加载有以上技术的汽车对老年人来说更方便也更安全。

我还希望开发出的新车不仅适用于老年人，也适合新手司机、不经常开车的人以及对驾驶没有信心的人。研究人员可以开发一种对新手司机可以是新手模式的车，对老人又能是一款"能让家人放心且值得推荐的好车"。

虽然目前还没有这样的车，但如果能把开发理念转换为"打造一款对老年人友好的汽车"，也并非特别难，而且，这还有助于我们过上"稀松式生活"。

专栏　能否将生命托付给 AI?

连自动驾驶都有涉及生命和技术的问题，那么医疗领域中关乎生命的问题就更加严肃了。根据日本厚生劳动省于 2018 年统计的日本人死亡原因，包括交通事故在内的"意外事故"仅占其中的 3.0%。居第 1 位的是恶性肿瘤（癌症），占 27.4%；第 2 位的是心脏病，占 15.3%。除去第 3 位的衰老和第 10 位的自杀，几乎所有的日本人都死于疾病。由此可想，如果医生的诊断或治疗方案出现差错，将会夺走数千万人的生命。

将来，当我们老了，该如何与 AI 和高科技共处呢？AI 进入自动驾驶、医疗和护理领域后，人类真的能将生命托付给 AI 吗？电影《终结者》就提出了这一担忧——未来，AI 会消灭人类吗？要将自己的性命托付给没有姓名的 AI，确实会让人感到不安。

但从医疗的角度来看，人类终将会慢慢习惯于依赖 AI。理由有以下 3 点。

1. 我们正在将生命托付给不知名者

出租车、电车、公交车等交通工具，都是由我们素不相识的人在驾驶，但我们却能自然如常地乘坐。

在医院，你可能会看看医生的名字，但不会去记打点滴的护士的名字，也不会刻意去确认自己所接受的治疗叫什么。护理工作也是一样，每天都有不认识的人为我们提供帮助（虽然大多是固定人员），我们也都欣然接受。

现在只是将治疗和护理的工作从人承担变成了机器承担而已。刚开始的时候我们可能会有抵触感，但渐渐就会习惯，并愿意将生命托付给 AI。

2. AI 比人类更可靠

前文也提到过几次，美国特斯拉研发的自动驾驶汽车发生了几起死亡事故，引起了轩然大波。"自动驾驶很危险"的论调也确实因这些事故而起。所以我们现在会比以往更加谨慎地引入自动驾驶。

然而，实际上人为的交通事故更多。要知道，功能不如人类的 AI 是不可能被引入我们社会的。AI 的事故率低，更值得信赖。

而且，AI 还能防止"蓄意事故"。即使 AI 引发了事故，只要不是黑客入侵，事故责任最多也就是"系统不完善"。但如果是人为的事故，就有可能是想"撞个人玩玩"的人渣干的。换句话说，人会主动地制造事故，而 AI 的系统开发正是为了杜绝事故的发生。

3. 不随大流就会心生焦虑

我们现在对 AI 可能还抱有怀疑，等到 AI 普及之后，大家都使用 AI 进行癌细胞筛查的时候，再想让人类医生来做诊断就相当困难了。因为，此时患者会想"会不会 AI 诊断更准确？""选择和大家不一样的诊断方式，有点不放心啊"。

当大家都用 AI 了，人们自然就能"随大流"了。

AI 到底是什么？

至此我们一直在谈论 AI，那么 AI 到底是什么呢？AI 虽然被翻译成"人工智能"，但正如日本经济产业省的报告中提到的，AI"至今尚未有明确的定义"。

通俗地说，AI 就是"人类的替代品"。在 AI 出现之前，我们使用的是机器，机器（机器人）的最大特征是行为模式完全遵循人类的设定。例如，把玄关处的纸箱搬到厨房，需要经历"拿纸箱""搬起来""移动"和"放置"一系列动作。于是，我们会先将这些动作进行前期设置，而后让机器行动。如果过程中出现与设置不同的情况，比如纸箱大小不等、目的地发生了变化等，机器就无法完成搬运动作。

但是 AI 不同，只要给它下达"把纸箱搬到厨房"的指令，AI 就会在搬运过程中自主识别纸箱的大小，摸索搬运方法，就算纸箱大小不等，目的地来回变换，AI 也能完成任务。

深度学习是近年来提到的 AI 的一个技术分支。如果你对朋友说："把玄关的纸箱搬到厨房来"，你的朋友一定知道该怎么做。因为这位朋友充分理解"纸箱是什么""玄关是什么""厨房是什么"，也知道怎么拿才不会破损，并会采取必要的行动。这种理解，是人从出生以来在生活中习得的"常识"。而 AI 就像一个小孩子。对它说"把玄关的纸板箱搬到厨房去。"它会问"纸箱是什么？""玄关在哪里？"因此，只有在多次"学习"搬运纸箱这一动作之后，AI 才能真正派上用场。这就是 AI 的特征。

只不过 AI 的学习方法和人类不同，它需要"大量学习"

才能准确行动。只是指着一个实物纸箱告诉它说"这是纸箱"是绝对不够的，因为 AI 会误以为这个纸箱之外的纸箱都不是纸箱。如果我们告诉 AI"褐色的、有四个角的物品就是纸箱"，AI 则会因为"木箱也是褐色且有四个角"而产生误判。对于 AI 来说，只能通过输入大量纸箱的数据才能最终形成"原来这就是'纸箱'"的认知。因为 AI 的感知与人类是不一样的。

AI 的感知被称为"特征值"，它在识别事物的特征方面与人类不同。在人的认知中，纸箱的特征是"褐色、四个角、不结实"。而 AI 可能是根据"拿纸箱的人如何使用肌肉"来进行区分，也可能是利用红外线、紫外线来进行判断。总之，AI 是以与人类完全不同的视角来对纸箱进行识别的。因此，它可能会把我们"常识上不会以为是纸箱"的又红又硬的木箱误以为是纸箱；也可能会准确判定出人类也会看错的、以假乱真的仿木箱的纸箱。由此可见，AI 和人类在对事物的理解和感知方面是完全不同的。

除此之外，AI 作为机器，也具有"不会疲惫""做机械性重复工作不会有怨言""没有感情"等特征。因此，如果是单调地搬运大量纸箱的工作，AI 会比人类更快、更准确地完成。AI 可以 24 小时不间断工作，不会抱怨说"这种无聊的工作我做不下去了"。

AI 有优点也有缺点。虽说是"人类的替代品"，但和人类还是有很多不一样的地方的。

第 2 章

老年人与尖端医疗

为了接受更好的治疗

不论是超级老人还是普通老人，随着年龄的增长去医院的次数肯定会增多。本章我将介绍老人们经常接触到的医疗和人工智能相关的知识，这也属于我的专业领域。针对某些案例我可能会有赞成或反对的意见，大家权当是一名医务工作者的些许观点吧。

几乎所有的行业都在讨论人工智能的运用，其中尤其被关注的行业就是自动驾驶和医疗。为什么这两个行业会备受瞩目呢？答案就是因为事关人命。

假如，AI 能帮你决定今天晚上吃什么，结果因为一些故障出错了，但对你来说也就是不吃了之，并不会带来什么不好的结果。

假如，AI 能教你买走势好的股票帮你赚钱，结果 AI 出错了，给你的财产造成了亏损，但那也只是钱的问题，不会有人因此丧命，说不准之后还会有 AI 保险来弥补你的经济损失。所以，就算是大家最心疼的钱，失去了也有可能再回来，不会出现严重后果。

但是，生命和健康一旦失去就无法挽回了。虽说有人身保险，但也只是给逝者家属发放保险金，而这也不是大家期盼的结果。就算 AI 的开发者或者医生承诺会承担责任，也没办法让逝去的人重新活回来。

与生命有关的信息都十分重要，关于生命与健康的信息将在后文叙述，这里我们先来说说自动驾驶。汽车产业本身就非常庞大，据说在日本有 8.8% 的从业人口从事的是汽车相关行业，其市场规模极大，而且它还控制着车辆移动过程中的所有数据。如果能将这些数据全部收集起来，必然是一个"超级大数据库"。

"大数据"这个词听起来挺酷，但试想，因为有了大数据，你可以知道你的朋友从早到晚开车都去了哪儿，在什么商店买了什么东西，见过什么人，待了多久，去了哪家医院，等等，你会不会觉得有点毛骨悚然？因为大数据，个人的极私密的行踪都被详细记录下来了。而想要获得这些信息的正是被称作 GAFA（谷歌、亚马逊、脸书、苹果）的美国四大科技巨头公司。

和汽车产业相比，医疗行业的规模更大。根据日本劳动政策研究·研修机构[1] 于 2019 年的调查，12.5% 的从业人口所从事的工作与医疗保健相关，可见其市场巨大，而且一些从业人员还掌握着决定人类生死的核心技术。如果汽车的价格是 1000 万日元，无论它多么方便，购买的人也只是极少数。但如果是心脏外科手术，当其精准度提高了一倍，手术费用也是 1000 万日元，我想大家也都会考虑接受吧？

说到接受更好的治疗，人们首先会联想到和先进医疗技术"同步"的高昂治疗费用。不过，也只有极少数疾病会出现这样的情况，而且在日本，钱并不是目前医疗领域的主导因素。其实，比钱更重要的是信息，比如，街谈巷议中经常会流传哪个医生手术做得好、哪个医生医术高等这些信息。

---

1 日本 2003 年设立的所属日本厚生劳动省的独立行政机构，主要负责日本劳动法和劳动政策的修订、劳务市场的稳定等。

令人遗憾的是，这个世界上也有一定数量的庸医。只有那些善于收集和利用信息的患者才能避开庸医，接受到更好的治疗和取得更好的疗效。现在，网络或报纸杂志上也会有各种医生的信息，但那些被宣传成"名医"的人也未必全都名副其实，其中也有很普通的医生（特别差的倒没有），而没有"名医"头衔的医生里也不乏"神医"。

超级老人懂得从医生那儿打探消息，或通过人脉找到好医生并接受治疗。他们善于沟通，能够在医生面前有条不紊地陈述自己的想法和希望接受的治疗。能做到这样的，也仅限于那些能够冷静看待自己的病情、拥有一定知识和经验且不会被伪医学欺骗的老人。我觉得我的父母就很难做到。如果普通老人也能利用最新技术，成为像超级老人一样的老人，大家就都能接受更好的治疗了。

医疗领域必需的最新技术——5G、IOT、VR、AR

说到医疗领域的最新技术，人们一般都会想到 AI 诊断和治疗，但这需要大量的基础数据。例如，单是诊断白内障一种病，就必须有大量白内障患者的病理数据。若是诊断罕见疾病，则需要更大量的数据。因为，只有通过输入海量数据，我们才会有新的发现。而这些海量数据，就是我们所说的"大数据"，它确实在推动着医疗的进步。

与"大数据"一样，5G、IOT、VR、AR 等技术在医疗领域中也日趋重要起来。接下来，我逐一进行说明。

5G（第五代移动通信技术）是远程手术的绝对必要条件。5G 信号比 4G 快得多。可能会有人说"4G 不也挺好吗"，但 4G 在手术中是无法使用的，因为 4G 网络会有 50—100 毫秒（即 0.05—0.1 秒）的延迟。你可能觉得这点延迟算不了什么，其实不然。比如眼科常有的激光治疗，激光是以 50 毫秒或 100 毫秒一次的频率发射，如果出现 50 毫秒的延迟，激光很可能会打在非必要的危险部位。而 5G 网络只有 1 毫秒（0.001 秒）左右的延迟，从临床经验来看，这点延迟几乎不会对激光操作造成影响。不只是激光手术，其他的远程手术离开了 5G 也无法安全进行。当然，5G 网络的稳定性也至关重要。因为信号一旦中断就意味着手术停止，后果不堪设想。

IOT（物联网）能帮我们时时把握患者状态。IOT 是 Internet of Things 的缩写，指的是将各种信息传感器与互联网相连形成的一个巨大的网络。比如，将门连入网络，就可以通过互联网知道是否已锁门；将电饭煲连入网络，就可以远程控制电饭煲的煮饭时间。目前，医院里只有重症患者的动态心电图接入了网络，这样护士站能进行实时监测。但是，如果能将所有的心电图都连接入网，通过 AI 进行一定程度的自动诊断，那么住院患者的病情突变就可以在早期被发现了。不仅仅是心电图，若其他医疗设备也都连入网络，就不会再出现"氧气泄漏""药品见底"等情况了。点滴快结束的时候，患者也无须自己去护士站叫护士，因为系统会自动通知护士。

VR（虚拟现实）是 Virtual Reality 的缩写，可以用于手术前的确认，以及让患者了解病情。只要戴上 VR 眼镜，即使身在日本，也能 360 度身临其境地欣赏海外风景，这是一种不处于现实中却仿佛能看到现实世界的技术。例如，关于视网膜脱落，与其向患者解释说"视网膜脱落是指眼底的视网膜神经上皮层与色素上皮层分离"，不如让患者实际看看视网膜脱落的 3D 图像更容易明白。当然也可以不用 VR，单纯用 3D 技术也是可以的，目前利用 3D 向患者进行医学说明的技术已完全具备，我所在的医院就是这样的。

并且，如果医生能在术前通过三维成像掌握患者病情的细节，手术也能更加安全、准确、顺利地进行。我们每个人的身体状况都不一样，就连血管的排布也会因人而异。在不应该有血管的地方要是出现血管，手术过程中就可能引起出血。因此，日常手术中也时常会发生意外，而只有那些经验丰富，甚至经历过失败的医生才知道如何及时应对。不过，如果能事先利用 VR 成像模拟一遍手术，那就万无一失了。

AR（增强现实技术）是一种将虚拟信息与真实世界巧妙融合的技术。AR 能在手术过程中查看患者的患病部位。你或许觉得这是医生本该知道的，但手术中发生大出血时，或病人情况出现恶化时，我想多数医生都有过"分不清哪里是哪里"的经历。这时，如果有 AR 的帮助就能安心不少。

支撑最新技术的"大数据"

实施这些先进技术的前提是要有大量的患者信息，也就是前文提到的"大数据"。然而，在医疗行业，要想获取患者的大量数据是非常困难的一件事。

购物平台亚马逊会根据买家的购买历史向买家推荐商品，以方便客户消费。同时，买家的喜好信息也会被亚马逊获取，其中也包括一些不想让旁人知道的商品购买信息（比如成人用品等）。

但医疗信息的获取就没有那么容易了。那么，医疗信息到底指的是什么呢？我们首先想到的就是患者信息。比如一个人得了什么疾病，正在接受什么治疗，有没有效果，等等。

当然，公开医疗信息也有诸多好处。试想，如果有100家医院，手术的方案就会有100种，这些手术方案的具体操作又会因执刀医生而异。虽然整体看来都一样，但手术过程中一些细小的刀法、伤口的缝合法，并没有绝对的标准，全由主刀医生决定。比如，白内障手术时需要在眼球上开切口，有开 3 个切口的医生（2 个 1 毫米的小切口和 1 个 2—3 毫米的大切口），也有开 2 个切口的医生（1 个 1 毫米的小切口和 1 个 2—3 毫米的大切口），每种做法都各有各的道理。开 3 个切口的医生认为那样做稳定性更好，开 2 个切口的医生认为应该尽量少开切口。全世界对此并没有统一的标准，医生们都是根据自己的习惯来做手术。

但通过对大量的手术数据的收集和分析，我们就能够得出一个相对合理的结论，以提高手术的精准度。比如白内障手术是"统一开两个切口为好"，或"某种情况下需要开三个切口"。这样一来，相应手术的治疗效果在全国范围内都会有所提升。但是，在此之前，我们首先需要解决不良医院的问题，要曝光那些不能达到一定治疗效果的医院。

事实上，确实有一些医院是患者口碑不好的医院，但因为没有第三方对其手术过程进行全程监控，而且也不是所有手术都失败，所以也无法对这些医院进行警示。此外，还有些医生是手术技术不好，还坐井观天，故步自封

（这种人意外地多）。如果能有准确的医疗数据，就能曝光这些"江湖医院"，患者也能避开这些医院，选择去好的医院接受治疗，治疗效果也会明显提升。

不仅手术，药物也是一样。针对高血压，现在有很多相应的药品，诊断和治疗的基本方案也非常成熟，所以医生通常都是按惯例为患者开药方，比如前期服什么药，后期服什么药，但问题的关键是这样的配药方式真的好吗？如果我们能在世界范围内收集大量数据，就可以针对不同的患者开具不同且更有针对性的药方，比如，"缺少运动的 30 ＋男性适合 A 药""经常运动的 40 ＋女性适合 B 药"等。

另外，目前日本政府只要求对规定内的传染病进行病例上报，而大部分的传染病病例都无须上报。这就意味着我们很难知道哪些医院的传染病病例较多。当我们听到"流感正在蔓延"的新闻时，其实流感已经蔓延到全国了，或至少是大部分城市都有了。如果所有信息都能共享，我们就可以具体地知道流感现在蔓延到哪里了，比如"东京都的江户川区"，或者更详细的"平井站附近"。如果还能结合自动驾驶的行车记录，我们甚至可以确定"3月10日去看了××电影的所有人都有可能感染流感"。根据这些信息，接诊相关患者的医生就可以直接往流感上考虑。另一方面，患者本人也不用在候诊室等候，可以尽早接受诊疗，还可以预防在医院内部的交叉感染。近两年，日本为了追踪新冠密切接触者，推出了应用程序"Cocoa"，后续计划将其扩展运用到所有的传染疾病领域。

其实，共享信息可以帮助我们发现更好的治疗药物，制定更好的手术方案，以及更好地预防传染病等。就算没有进入人工智能时代，信息也应该共享，但到目前为止，医疗信息都没有实现共享。其中有着"不便明说的原因"。

医疗信息不便共享的原因一：人会说谎

医疗信息没有实现共享的原因有多个，其中之一就是医生会隐瞒实情。

不仅仅是日本，全世界所有的医院里都有实习医生。让实习医生治疗就可能会出现误诊，就算有上级医生在旁边看着，失误也在所难免。况且，上级医生也会有失误，因为不存在绝对不失误的医生。举个简单的例子，比如采血。采血一般都是由护士来做，即便旁边有主管护士看着，新手护士也很难一次性采血成功。想必大家都有过被新手护士扎几次的经历吧。

所以，上级医生会监督实习医师的工作，将失误控制在不会对患者造成影响的范围内，若出现问题上级医生也会及时处理。比如，采血的时候，如果新手护士一次两次都不成功，主管护士会立刻换人；若是发现有损伤患者神经的风险，主管护士也会马上叫停。其实严格说起来，这些情况也可以算作医疗事故。但是，如果对采血失误零容忍，新手护士就会害怕，一直不敢自己采血。长此以往，就会导致所有工作只能上级医生包办，实习医生连采血的机会都没有。

如果这些信息也作为医疗数据全被公开，那么在普通民众看来，那些培养实习医生的医院就是"医疗事故多的医院"，而那些不培养实习医生，全都由正式医生来看病的医院就是"没有医疗事故的好医院"。医疗事故会给医生带来极大的心理压力。当然，如果是因为医生自己玩忽职守、违背医德，自然应该追究责任,但那些勤勤恳恳、恪尽职守的医生，也会担心自己可能会因为这一次小小的失误而丢掉工作。

那么，这会带来怎样的后果呢？那就是有人可能就会选择撒谎。例如，医生会篡改数据，让它看起来不是医疗事故，这样一来，真正的医疗信息就不得而知了。目前为止，医疗信息都是由专人负责收集，并没有实行匿名化，这就意味着相关的责任在个人。换句话说，一旦发生医疗事故，会倾向于追责个人，而不是系统。但是，如果运用大数据的新技术，那么收集数据并进行自动判断的工作就会由人变成计算机。这样做的好处在于，人们使用数据的目的就变得很单纯了，都是为了改善医疗状况，而不是追究个人责任。这样一来，医生就会比较容易接受。

不仅医生，患者也会撒谎。假如医院收集的信息是向全社会公开的，那还会有人能勇敢地承认自己得的是性病吗？于是，那些患有难以启齿的疾病的患者，就会选择说谎。比如，许多做过整容手术的人都不希望别人知道自己整过容。曾有一位患者来看病时说自己眼睛里有异物，我给她做完检查后发现她的眼球上有伤痕，似乎是被眼睑上的一条像线一样的东西划伤的。我问她有没有做过眼部手术，她才坦白说自己做过双眼皮手术。

再比如，你因为脚痒去看皮肤科。医生告诉你说是脚癣（真菌感染），嘱咐你每天早晚涂药膏。最开始的几天里，你都会遵医嘱每天认认真真涂药，慢慢地，脚不痒了也不红了，于是你开始嫌麻烦，只晚上涂，早上以时间紧为由就不涂了。而且，考虑到涂了药穿鞋出门不舒服，你也不愿意涂。

之后你去医院复查时，医生看过之后说"怎么还有脚气？药膏都涂了吗？"你会怎么回答？有人会老老实实地回答说"忘了"，也有人会说"涂了"。最常见的回答是"偶尔也会忘"。但实际上，这个"偶尔"就是"几乎"。如果将患者的这些回答作为数据输入并统计，系统就会判定"该药膏无效"。事实上只是因为患者没有坚持涂抹，并非药膏无效。

要想患者不撒谎，就必须严防个人信息泄露，建立起一个由计算机自动判断的系统。这样才能获取真实有效的信息。

医疗信息不便共享的原因二：标准不统一

还有一个我们容易忽视的问题，那就是每个医生对数据的认识不同，输入的方法各异。有些医生自以为是，会固执地认为自己的治疗方案是最好的。这样一来，对于某种疾病的治疗，就可能出现过于偏颇的观点。对于癌症的治疗，现在医疗界已经建立了要求医生登录全部病例情况的制度，但对于其他疾病，"是否进行治疗"的判断会因医生而异，"治疗效果的标准"也不尽相同。

例如，如果一位患者是白内障晚期，那么医生都会建议其进行手术，如果是极早期，则建议不做治疗。那么，从初期到晚期，白内障发展到怎样的程度才会建议手术呢？对此，不同医生有不同的看法。有些医生认为只要出现了白内障，且视力开始下降的时候就该做手术，因为这时候病情还不太严重，手术难度小，安全性高。也有医生认为待白内障发展到一定程度后再做手术为好，因为可能有些老人不做手术也能享尽天年，而且发展到一定程度后再治疗，患者的满意度也会更高。

我们没法说谁对谁错。在判断是否符合手术指征并录入系统时，医生们可能各持己见。因为大家的看法都有道理，所以要想统一标准并不容易。但是，如果计算机能从医生们录入的众多数据中自动提取关键信息，生成一个统一的标准，问题就得以解决了。

除了录入的标准上的分歧，对录入信息这件事本身，很多人也持消极态度，觉得录入信息太麻烦了。虽然之前业内已经开始有人呼吁各医疗机构共享信息，但到了实际操作中，要把所有患者的信息全部输入电脑，或是写在纸上通过传真发送，的确是件非常麻烦的事。而缺乏医学知识的第三方也无法做到从病例中提取关键信息并正确录入系统。总之，录入信息的工作量巨大，需要大量人手。但是，如果 AI 等新技术能自动将信息转为大数据，就可以省去这些麻烦了。

所以，如果有 AI 帮我们提取必要信息，以上问题在一定程度上就能得到解决。如果数据能自动提取，医生和患者都没办法再说"不"了。而且，即便有人撒谎，系统也能自动识别，揭穿他们的谎言。比如，当某个医生的治疗周期总是比别人短，AI 就会质疑他输入数据的真实性。即使数据输入的方式各异，AI 也能进行综合判断，再自动提取关键信息，这显然能为我们省下不少事。可见，到了人工智能时代，我们可以更方便地利用医疗信息。不过在这些新技术推广的初期，可能会有不少医生反对，但这一趋势已不可逆转。然而，医疗信息的共享对于患者来说，并不是那么简单的事。

个人信息真的不会泄露吗？

关于医疗信息共享，只要是国家明文规定，医疗部门就算有怨言，也只能照章执行。毕竟医疗属于国家制度性保障范畴，其价格、收入全都是由国家来决定的。

可到了患者这边，事情就不一样了。如果患者提出"不希望自己的就诊信息被采集"，国家也很难强行要求其提供。当然，也有突发性传染病等不可抗力的情况，但因涉及人权问题，国家想要获取个人信息也不是一件容易的事。就连现在正流行的新型冠状病毒都有人会隐瞒实情，所以很难想象大家会一五一十地说出自己的全部病情以方便数据收集。谷歌等商业巨头也在收集个人信息，但也不能蛮来生作。

这就是医疗行业的困难所在。我们在使用谷歌搜索引擎时，谷歌会获取我们的搜索历史数据；在亚马逊购物时，亚马逊会获知我们的住址、银行卡号、个人喜好和购物习惯；用脸书（Facebook）时，我们的人际关系、家庭关系也会泄露。但是如果你不主动地输入这些信息，系统也就无法获取。也就是说，对于那些不想被获取的信息，你完全可以不输入。我们普通人购买普通商品时都是大大方方地购买，估计我们只有在购买特殊商品的时候才会想着要在信息输入时做一些处理。但医疗信息的收集就不是这么简单了。

试想这样一个流程：所有的医疗信息都提供给谷歌→谷歌核对后保存好信息防止泄露→除谷歌内部特定人员

外任何人不得查询信息→未经许可不得向其他公司提供信息。这一套流程下来似乎让人足够安心。

但是，假如是一位绝症晚期患者的信息，系统里就会出现"还有××天的生命"的诊断信息。也就是说，不仅自己的家人，素不相识的第三者也会知道患者生命所剩无几，这是一件非常糟心的事。就算这一信息不会被滥用，想想也是让人心里很不舒服的。

日本的一个求职信息网站就出现过类似的问题。2019年日本著名招聘门户网站"聘航"通过 AI 计算得出了注册用户的"非官方辞职率"[1]，然后将其卖给了第三方公司。这一新闻在当时引起了轩然大波，但其实这件事情本身并不违法，因为使用该网站的注册用户都签过"自愿提供个人信息"的条约。若是医疗信息由 AI 管理，自然也会签署一份几十页的契约书，而这类契约书会像手机合同[2]和保险合同一样，满篇都是晦涩难懂的术语，密密麻麻一大

---

1 日本招聘市场中的一种频发现象，指取得公司内定的求职人员主动提出取消内定、放弃入职。

2 日本的手机销售模式不同于中国，日本是运营商直接销售手机，所以买手机时需要跟运营商签订合同。

份，让人根本看不下去。

那么，如果将医疗信息和企业招聘结合起来，会怎样呢？可以想象，人们的岗位晋升、重要的人生岔路都会受到个人健康信息的制约，甚至被差别对待。比如，公司为了经营发展需要提拔适当的人选，于是，AI 就会对候选人今后的工作能力进行测评。如果是一个抱病之人，在未来的日子里，他住院或请假治疗的概率就会比较高。而 AI 是不会考虑身体歧视问题的，它只会机械地选出"健康"的员工。同样，在个体经营中想要将工作交给一个人时，如果先用 AI 对其的工作效率进行测评，也会产生同样的歧视问题。

播音员一定不希望他人知道自己有咽喉息肉；做漫画家助手或出版社相关工作的人也不希望别人知道自己的眼睛有问题，因为这可能会让他们丢掉工作。

诸如此类的疾病信息，人们都是不想让他人知道的。患者通常只有在医院才会对医生说出实情，为的是听取医生的诊断意见，但也还是会有如前文所说的那些想要隐瞒自己的性病或整形手术史的人。其实，连对医生都想要隐瞒的信息，一定都是关键信息。

对此，研究人员正在进行仅提取"特定信息"的技术研究。然而，2017 年还是发生了这样一起案例，英国某医疗财团向谷歌旗下的 DeepMind 提供了患者数据，因此举违反了《隐私法》而收到了行政指导 1。此类问题在今后估计还会继续出现。但另一方面，社会作为一个整体，收集和处理大量个人信息，也有造福所有人的好处。

AI 诊断可杜绝庸医

引入人工智能等高科技之后，医疗界会发生怎样的变化呢？首先受到影响的就是疾病诊断。

许多疾病可以根据血检报告及 CT、MRI 等图像数据直接进行 AI 诊断，也就是说，不用医生也能做出诊断。很多人认为 AI 诊断的正确率会更高，其实不然，研究表明 AI 和医生的诊断正确率几乎相同。相比之下，采用 AI

---

1 行政指导是国家行政机关在职权范围内，为实现所期待的行政状态，以建议、劝告等非强制措施要求有关当事人作为或不作为的活动。

诊断的好处在于能大概率地"杜绝庸医"。不仅如此，对于 AI 诊断的研究也非常容易，很多技术如今已趋于成熟，几乎每次学术会议上都有人发表相关研究成果。但这些研究都还只是关于"诊断"的，几乎没有与"治疗"或"预防"相关的，这又是为什么呢？

在"治疗"研究方面，虽然研究方法并不复杂，但会涉及伦理问题。假设要研发一台用 AI 做胃癌手术的机器，该机器能比传统手术缩短半个小时的手术时间，复发率也会下降 2%。那么在实验研究阶段就需要两组数据的对比，一组是传统胃癌手术的数据，一组是 AI 胃癌手术的数据，而且得确保是手术患者对自己将接受哪种手术不知情的情况下获得的数据。因为知情和不知情会直接影响患者的术后生活态度，如果患者知情，那产生的数据差异可能并非手术本身带来的。比如，患者知道自己做的是 AI 手术，又盲目相信 AI，术后可能不注意保养，最后导致复发率升高。同理，患者知道自己做的是传统手术，因担心手术效果，在术后生活中处处小心，最终复发率降低。这些都是有可能发生的情况。

正因为医疗是大家翘首期盼的重要领域，所以相关研究也正如火如荼地进行着，但依然绕不过伦理这关。我也曾开展过对患者进行"回避治疗方案"的相关研究，为了能争取30位（研究的最低人数下限）患者的协助，在向患者说明研究内容并获得患者同意这一步上就特别伤脑筋。其实，研究中使用的治疗方法安全性相当高，解释起来也不难，但还是有很多患者表示"不愿参与医学实验"。我也能理解这种心情。为了能争取到这30位患者的参与，我与比这多得多的患者进行了逐一的解释，而在后来的实际研究过程中又是困难重重，耗费了相当大的精力。

其实，AI诊断很简单，因为答案已具备。我们首先请专家医生和普通医生对一位患者进行诊断，然后再由多名专家医生会诊，由此得出的诊断结果就是"标准答案"，也就是说，正确率为100%。随后，我们让普通医生来诊断，把诊断结果和"标准答案"对照，一般情况下正确率是80%。接下来，再由AI对同一患者进行诊断。如果AI的正确率高于普通医生，就表示AI诊断可行；如果正确率达到专家医生的水平，那么可以说，AI诊断更令人放心，而且它还不知疲劳，不会误诊，且无须数名医生会诊。由于问题与答案都是对应的，所以 AI 学起来也很容易。对患者来说，只不过是由多名医生和 AI 一起为自己做诊断而已，所以就算成为医学研究实验的对象也是放心的。其实，目前全球的 AI 诊断研究正在快速发展。

眼科界的 AI 研究

眼睛是一个透明的、部分裸露在外的器官，所以眼科界的 AI 研究是发展最快的。最早的诱导性多能干细胞（iPS）移植[1] 手术就是在眼科界实现的。

"眼底照相"是一项借助照相设备进行的眼底检查，无痛无风险，只是拍一张视网膜照片而已。这是常规体检的项目之一，因此，我们有着大量的检查数据。而且，有眼疾的患者通常都需要做眼底拍片，所以病理数据我们也收集了不少。可以说，眼底照片为诸多疾病的诊断提供了

---

1 2017 年，日本理化学研究所宣布，他们将异体 iPS 细胞培养成的视网膜细胞移植到了一名 60 多岁男性的右眼中，这是世界首例 iPS 细胞"异体移植"手术。

可能。

目前看来，最有望成功开发眼科 AI 诊断技术的是谷歌的关联公司。糖尿病视网膜病变是造成日本人失明的三大原因之一（居第三位），可以说是成人最常见的致盲原因。现在，利用谷歌系统就能对这一眼疾进行诊断，准确性无异于眼科医生，且只需对着眼睛拍一张照片即可。

糖尿病视网膜病变会导致眼睛的血管变脆弱甚至出血。在病变早期，出血并不会影响视力，患者也感觉不出任何症状。但是，如果放任不管，等到了晚期就不得不进行手术了，而且最坏结果就是失明。

为了避免这一情况的发生，患者需要每三个月或半年去眼科做定期检查。但是，许多人没有动力坚持做定期检查，年纪轻轻就失明的病例屡见不鲜。那些没有任何症状却坚持定期去医院复查的人，确实也是挺辛苦的。

那么，如果只是单纯的拍片，是不是也可以不必专门去眼科，在去内科等别的科室的同时就拍了呢？基于这一想法，谷歌正在开发 AI 的眼底照相，部分国家也已将 AI 系统投入了实际应用。如果能实现在智能手机中内置一个小小的插件，就能进行一定准确度的诊断，无须去正规医疗机构接受检查，那么这样的技术对医疗资源匮乏、缺医少药的农村或贫穷国家来说可谓是雪中送炭。

可归根结底，关键是要由人类来制定"答案"，即诊断的标准是什么。

诊断标准由人类制定

即使进入 AI 时代，疾病的诊断标准也是由人类来制定的。对此，有人批评说"这不是和不断改变高血压的确诊标准以增加高血压患者数[1]是一个道理吗？"其实不然。为什么诊断标准会由人来制定而不是 AI 呢？

因为 AI 很难清楚地界定"疾病"和"非疾病"的界线。若是骨折，毫无疑问 AI 能做出正确的判断。但癌症就不一样了。你可能会想，"癌症不是很好诊断的吗？"如果你认为只要是体内有了癌细胞就是癌症，那可就不对了。

---

1 日本的高血压标准从 1987 年的 180mmHg，1997 年的 160mmHg，2004 年的 140mmHg，到 2017 年的 135mmHg。标准在不断下降，从而导致高血压患者增多。

人体每天都会产生大约 5000 个癌细胞，但是健康的细胞会消灭这些癌细胞并存活下来，所以我们不会轻易患上癌症。现代医学对癌症的定义是，当体内癌细胞增加到一定数量之后方可确认为癌症。因此，有时就算检查出体内有癌细胞也无须进行治疗，因为在癌细胞没有发展到一定程度时，对我们的生活和寿命都不会有大的影响。也就是说，在没有对身体造成影响的情况下，即使体内有癌细胞也不会被诊断为癌症。

那么，体内有了多少癌细胞才能算是癌症呢？2 个，还是 100 个？我们必须对此有明确的界定。比如对于高血压的诊断，当高压超过 140mmHg 就会被诊断为"高血压"。确实有统计显示，高压高于 140mmHg 和低于 140mmHg 的人的疾病发病率明显不同。那 139mmHg 和 140mmHg 之间会有很大的区别吗？答案是，并没有。所以让对数字特别敏感的 AI 来区分高血压和正常血压毫无意义。我们只需要 AI 提供诊断建议即可，如"以你现在的血压和身体状况，把血压降下来会更好"等。说到底，患者情况各异，有高压 130mmHg 但需要服药降压的，也有高压 160mmHg

却无须治疗的。

所以，尤其是可以用数字表示的东西，其实并没有那么严格的界限。我们对某一个东西下定义，通常也只是为了让人更好理解，比如创建病名及确诊标准。

换句话说，到了 AI 时代，"病名"这个词都有可能不再被使用，取而代之的可能是"概率""数据集合"等。

前文多次提到过的"白内障"的诊断，也是同样的道理。假如你现在去问眼科医生"我是不是白内障？"医生说"是"，第二天再去问别的医生，别的医生又说"不是"。但这并不能说明其中哪位就是庸医。白内障是眼睛里的晶体产生的白色混浊物，50 岁以上的人群有一半都会有这种现象，但对浑浊了"多少"的理解又会因人而异。比如白头发，有人看到一根白头发就说"有白头发了"，也有人看到很多白头发了甚至到了需要染发的地步了才说"有白头发了"，这两种情况都没有问题。

有时人们用非黑即白的方式对一件事情进行描述，也是为了让人更好地理解，比如说"你是白内障""你是抑郁症"等。其实人体的情况并不是非黑即白，但医生不可能告诉病人说"可以说你是白内障，也可以说你不是白内障"。而 AI 则可以用百分比来准确地表达浑浊程度，比如"晶体的 20% 变浑浊了"。如果你进一步问"那这是白内障吗？"，AI 则会回答说"不知道"。因为要想让 AI 下诊断，必须先确定白内障的确诊标准。

当然，AI 的最终表达还是类似"你是白内障"这类明确的诊断，但其实背后是人类在划定标准，是人将某一数值作为白内障的确诊依据。抛弃非黑即白的固化观念才能更好地接受诊断和治疗。我希望大家都能明白这一点。

AI 诊断引入日本的问题及今后的趋势

那么，要将 AI 诊断引入日本，除了需要制定诊断标准之外，还存在哪些问题呢？有人可能会提到医师协会 1 的反对，我个人认为医师协会不太会有反对意见，其中有一个较为微妙的原因。医师协会里最有话语权的是内科医

---

1 日本最大的非官方医学协会，于 1916 年成立，成员主要是医生、护士及管理人员等。

生。而引入 AI 诊断对内科医生来说好处多多，所以他们表面上会装作好处都给了眼科，摆出一副反对的姿态。外人看来好像是"医师协会又在一味反对"，事实上可能就只是摆摆样子而已。坦率地讲，AI 诊断最终还是会被引入的。

再者，日本的国情和政策也影响不了医学的发展方向。既然国际大趋势是这样，那么 AI 诊断引入日本也只是时间问题。

其实，不仅糖尿病视网膜病变，其他的眼科疾病也可以通过 AI 来进行诊断。但对于罕见疾病，AI 治疗还是无能为力的。

你或许看到过这样一则新闻——IBM 打造的人工智能"沃森"（Warson）医生诊断出了罕见白血病。这一消息意味着，如今机器已经能根据现有数据，对一般医生所不能及的罕见疾病做出正确的诊断。"沃森"医生之所以能做到，主要还是因为有"数字化的数据"。

此话怎讲呢？对于血象相关的数据，如果其中的某些指标偏高，机器会很容易做出是某种特殊疾病的诊断。

但是，眼底照片、X 光片、内窥镜等相关的检查结果往往都是影像，并未被数字化，所以，时至今日 AI 对罕见疾病的诊断描述多是模糊的。例如，对于眼底的"火焰状出血"和"点状出血"，人眼一眼就能区分出不同，但若要让机器来进行识别，就必须先给火焰状和点状做出明确的区分定义并将数据输入机器。因此，对罕见疾病的影像诊断，今后也还是得依靠人眼。

综上所述， AI 诊断的两大先决条件是——准确的数字化数据和大量的影像数据。

对于 X 光片、CT、MRI、心电图、眼底照片等这些普通的影像诊断，以后应该都会交由 AI 来完成。眼科医生并不擅长看心电图报告，那他们是如何处理心电图报告的呢？可以先由电脑做自动分析，出现异常情况时再请内科医生会诊。未来，AI 诊断应该会比现在更精准。

那么，放射科的医学影像医生和眼科医生的诊断工作以后会不会被 AI 替代呢？答案是不会。

首先，AI 无法诊断罕见疾病。原因有以下两点：

（1）确诊标准不明确；

（2）罕见疾病缺乏足够的医疗数据，AI无法做出准确的诊断。

因此，AI之外还需要有博学多闻的医生。那些经验不足的医生，对罕见疾病无法做出诊断，对一般性疾病的诊断水平又不如AI，是不是就意味着不需要他们了呢？那也不是，普通医生自有他们存在的价值。因为AI得出的结论需要有人为之负责，所以以后类似签字盖章之类的工作估计会由这些经验不足的普通医生来做了吧。

也就是说，从患者的角度来看，以后会经历以下就诊过程：

以低廉的价格接受多项AI检查→普通医生签字、确认→治疗→效果不明显→希望做进一步的检查→去能熟练操控AI的名医处就诊。

名医是有限的，这种供不应求的状态会直接导致医疗费用过高。能走到"希望做进一步的检查→去能熟练操控AI的名医处就诊"这一步的，基本都是超级老人之类有财力又有实力的老人。当然，普通老人能享受的"普通医生＋AI诊断"也会比我们现在接受的普通诊断的正确率更高，而且这两者之间的差别远不及我们现在的名医和普通医生的差距。所以当医疗进入AI时代，我们也不必过分执迷于名医。

如何看待 AI 的诊断结果

AI诊断会给出怎样的结果呢？

AI不会直接给出诊断结论，比如，对抑郁症的诊断，它会以百分比的形式呈现，如"99%的可能性是抑郁症"或"67%的可能性是抑郁症"。

这意味着AI能将人类难以把握的情况可视化。医生通常会用断定的语气来陈述病情，比如"这就是抑郁症"。但实际上，谁都知道这种疾病不能"百分之百"地断言。就算医生心里想的是有90%的可能是抑郁症，嘴上往往还是会以100%肯定的语气下诊断。不过，在这些被医生诊断为抑郁症的病例中，其实也有被误诊的。从医生的视角来看，这是没办法避免的，可患者会认为这是医生的失误。现实中确实会有这样说不清的模棱两可的情况。

和诊断一样，AI提出治疗方案也会用到概率。

对于肺炎患者，使用抗生素是常规的治疗方法，但医生也不能保证用了抗生素就能100%治愈，于是，医生会先使用一种抗生素，如果没有效果再换另一种。

而AI的治疗方式是这样的。

AI会提示："抗生素A的治愈概率为72%，产生副作用的概率为5%；抗生素B的治愈概率为65%，产生副作用的概率为1%；抗生素C的治愈概率为64%，产生副作用的概率为0.02%。"

那么，你会选择A、B、C中的哪一种呢？若不清楚究竟有什么副作用，人们依然很难做出选择，因此，我们必须先要了解这几种抗生素分别会产生怎样的副作用。

在目前的临床治疗中，一般情况下都是医生基于可能产生的副作用，从医生的专业角度为患者选择一个相对合适的治疗方案。有了AI之后，这些副作用将会被重点提出，更多的时候就需要患者自己来做出选择了。若是产生副作用的概率相同，选择就相对简单一些，人们就不会多纠结。可若是像上文列举的那样，A、B、C三种药物间存在较大差异的，患者又该如何做出选择呢？

其实很多时候，信息越多我们就越迷茫。信息不多反倒好判断，信息越多越难做决定。比如买电脑的时候，店员给我们介绍电脑的储存怎么样，CPU怎么样，我们也听不明白。买洗衣机的时候，比较了清洗能力、用电量，也得不出结论来，最后还是根据品牌、外观设计或者价格做的决定。你是不是也是这样的呢？

就连选择一些生活用品都这么难，更不用说是为自己或家人的生命做选择了。能果断做出决断的人实在是不多。有的人思来想去怎么也下不了决心，甚至还可能纠结成心病。所以，在AI时代到来之前（不，AI时代已来临），大家有必要从以下两种思路中确定自己的基本方向。

1. 放心托付

"都听医生的"是现在常见的一种思路。好处是自己不需要详细了解疾病和治疗方案，也不需要思考，缺点是可能会出现患者的想法与医生的考量不匹配的情况。接着用抗生素的案例来讲，如果遇到的是一位勇于挑战、速战速决的激进型医生，可能就会选 A；如果是一位尽量规避风险的保守型医生，可能就会选 C。

为了避免和医生出现分歧，我们首先要做的就是找到与自己观点一致的医生。而且，如果可能，最好能相交甚久，保持长期联系，这样我们才会放心地把自己交给医生。

2. 自己决定治疗方案

接受治疗的患者大致可以分为三种类型：

A 型（Active）：积极治疗

M 型（Middle）：选择康复率最高的方案

D 型（Defensive）：重视安全性

例如，阑尾炎发作时一般有两种选择——动手术切除阑尾和服药保守治疗。A 型患者通常会选择手术。相反，想尽量规避风险的 D 型患者通常会选择服药，直到实在熬不过去。而 M 型患者则会在 A 和 D 之间游离，想着先服药看看，手术效果好就去手术，或者服药效果不好再去手术。

对于 A 型患者，若是手术一切顺利，他们就可以得到最好的治疗结果，但若是失败就会后悔当初不该冒这个险。

M 型患者的治疗效率往往最高，但也不排除会有人越想越纠结，不知所措的。

D 型患者的治疗方案虽然是最安全的，但也容易延误治疗，导致病情拖长。

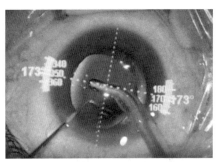

图 2—1 机器利用影像数据进行病情诊断
图片由作者提供

AI 的事故与责任

AI 也会出错，当然有些错误是明显的机械故障引起的，不过也会意外地出现在人类看来匪夷所思的错误。

假如让 AI 来决定癌变组织的切除范围，AI 会根据患者的年龄、性别、用药、细胞等数据，做出比人类医生更精准的判断，但也不排除 AI 偶尔会做出让所有人都大跌眼镜的错误判断，比如"切除范围明显不够"。

我曾在手术过程中也使用过一个名为"手术导航（Surgical Guidance）"的系统。虽不是真正意义上的 AI 辅助手术，但也是由机器根据影像数据来确定和显示一些信息用来协助手术，如"此处切开""这样植入晶体""对准此处晶体以纠正散光"，等等。这种机器操作比人操作的精确度更高，但偶尔也会出现不该有的错误。这时，人类，也就是我，会立刻发现错误并想办法处理。

AI 的失误是大量的数据在生成结果时偶然出现的差错。而人类的失误往往是因为"当时情况复杂"。所以，人类的失误从某种意义上来说更容易被接受。AI 对事物的认知方式和人类截然不同，AI会注意到一些人类无法判别的细微之处，因此AI也确实有可能出现意料之外的失误。

所以，在涉及生命的事情上，"AI＋人类"的组合是绝对必要的。这时，不需要医生有多么精湛的医术，因为人类只需做出"常识性的判断"即可。当然，将来也有可能连"AI＋人类"都不再需要，不过这肯定是相当遥远的事了。

事实上，一旦出现医疗事故，就必定会牵涉责任问题。

例如，对于常见的内视镜检查（如果操作人员技术很好，采像清楚准确），如果AI根据影像做出"癌症概率为5%"的诊断，因此没有实施癌细胞切除手术，那么没有切除的部位之后就有可能逐渐癌变且发生转移，到时候就为时已晚。

那么问题来了，这是谁的责任呢？

现阶段，这类情况都是由医生来承担责任。事实上，即使使用了AI，最终也是由医生来下诊断的。这样做，责任就很清晰明了，但同时也有一个问题——患者是否放心，能否接受。如果患者觉得医生不可信，选择了 AI 诊断，但最后的治疗结果很糟糕。这时，就算被告知医生会承担相应责任，患者也不会表示任何的感激之情。假如患者提起诉讼，谁来承担责任的问题才多少有些意义。而真到了时日不多、为时已晚的地步，患者对诉讼也是有心无力了，再讨论谁的责任也没什么意义了。由此可见，由使用 AI 的医生来承担责任的模式并不能换来患者的安心和理解。

那么，如果责任问题解决了，患者就能放心了吗？事实上，涉及人的生命和健康时，明确责任也并不能完全解决问题。一般而言，之所以明确责任很重要，是因为责任明确之后，相关责任人会负责到底。我们很难相信只是在 AI 诊断书上签个字的医生会积极主动地确认 AI 诊断的正确性。因此，对患者来说，关键还是要选择一个能设身处地为患者着想的好医生。

引入 AI 后能降低医疗费用吗？

我们经常听到有人说引入 AI 之后医疗费用就会降下来，原因是"机器自动操作，当然更便宜"。其实这只是那些不了解医疗费用的人自以为是的想法，这是大错特错的。

现如今能自动完成操作的方便机器还有扫地机器人"鲁姆巴"（Roomba）[1]。该机器可以在我们设定的时间段自动完成地面清洁。但有了这个机器人，我们的可支配时间真的增加了吗？如果你是一个人居住，几乎没有打扫的习惯，那时间一分钟也没有省出来，因为你平时就没有花时间在打扫上。如果你住的房子很大，平时每天花 30 分钟打扫，那么，有了扫地机器人后，每天就能多出 30 分钟的自由时间了。也就是说，即使实现了自动化，根据情况的不同，获得的方便度也会因人而异。

此外，还有人说电子病历能减少人力成本。病历是用来记录患者病情的，现在医院的病历本通常都是纸质的。

1 鲁姆巴 560 是 iRobot 公司新一代的定时智能机器人。

在日本的医院患者来医院就诊时，医院方必须先找出该患者的病历本，然后在患者去各检查室、诊疗室的同时带到相应的科室，最后送到收费处，收费处再根据病历本上的记录计算各种检查费、诊疗费。

电子病历则可以自动完成上述一系列流程。医院方不需要费功夫找纸质病历，不需要把病历送来送去，也不需要最后再交到计费处，这些流程中产生的费用电脑都会自动计算，连收费员都可以不要了。

大家应该都是这么认为的。但是，在调查了许多采用电子病历的医院后，我们发现绝大多数医院反而增加了许多额外的人力成本。这又是为什么呢？

电子病历确实能省去找病历本的麻烦，但因为不用再将纸质病历送来送去，我们也因此很难确定患者是否去过诊疗室。另外，除了病历本，患者还需要携带挂号单等其他纸质材料，这些都是患者去各诊室时需要随身携带的东西。

而且，诊疗结束之后，相应数据本可以自动传到收费处完成结算，但有医生签名和盖章的纸质处方必须交到收费处。于是，患者就得先在自助缴费机上完成缴费，再将处方交到收费处。这样一来，原本这种处方交到收费处的同时就可以完成结账的一站式模式，反而变成了两个步骤。

另外，还需要有人来指导患者如何操作自助挂号机和自助缴费机。从整体上来说，这确实可以减少对工作人员的需求，但也需要相应增加系统维管人员。导入电子病历系统之后并非一劳永逸，必须有技术人员来进行系统维护和故障处理。这一岗位对专业知识和技术的要求比较高，雇佣成本也会比普通文员高得多（医疗文员是所有文员行业中工资最低的）。

更何况，这一行业的技术人员本身就稀缺，即使能雇来，也不是时刻都有工作可做。这些技术人员在入职医院之后，由于没有固定和持续的工作，他们的离职率也非常高。

不仅如此，电子病历系统的维护和计算机升级换代的成本也相当高，所使用的电脑价格也是普通电脑的两倍多。因为医疗机构大多是封闭的组织，经营状况相对较好，这些供应商向医院收取的费用比一般客户更高，这已成了行业惯例。尤其对公立医院，价格更高。此外，还要考虑高昂的电费、电子系统出现故障时的预案等。虽然也有部分医院比雇佣人力时省下了些成本，但经验表明，绝大部分医疗机构所花成本是更高的。

所以，"引入 AI 之后医疗费用会降低"的想法未免太简单了些。

日本的医疗费用现状

要想了解 AI 对医疗费用的影响，我们首先还得清楚医疗费用的现状。

2017 年的日本国民医疗费（日本国民在医疗机构接受保险诊疗时所花费的费用）为 43.07 万亿日元，比 2016 年增加了 2.2%。如今，国民医疗费正逐年递增。

在所有医疗费用（按 100% 计算）中，牙科占 6.7%，药房配药占 18.1%，就医占 71.6%。就医费用中，住院医疗费占 37.6%，门诊医疗费占 33.9%。

且在这些医疗费用中，人工费占 46% 左右（其中，医生占 12.7%，护士占 23.2%，行政人员占 3.9%，其他占 6.5%）。换句话说，人力成本占了整体费用的 32.9%。

现在，日本的国民医疗费每年递增 1%—3%，这是由"人口老龄化"和"医疗高水平化"两大因素引起的，而且这两大因素的发展远不会就此止步。如果想要控制人力成本，假设降低到现在一半（非常大的幅度，意味着全员工资减半，或人员减半）的程度，那么至少需要 5—10年左右的时间。

因此，"AI 能降低医疗费用"的说法也不是全无道理，但我们要认识到其效果是十分有限的。既然人口的老龄化问题无法避免，那就只能在"医疗高水平化"上花功夫了。因为"医疗高水平化"可以通过国家政策进行调控。具体来说，国家可以增加医疗服务项目，但不为增加的这一部分买单。比如，可以增加像牙科这样的医保范围之外的医疗服务。

专家预测老龄化问题将在 2045 年左右进入稳定期，也就是说我们只需再坚持 20 年。尤其是如果能控制住医疗水平，医疗费就不会再增加了。换句话说， AI 的引入并不是为了能让所有人都享受到先进的医疗服务，而是通过 AI，同时在其他政策的辅助之下，（或许）能在一定程度上遏制医疗费的增长。在这一点上，很多人都有误解。

需要注意的一点是，政府所说的医疗费是指由国家承担的"国家医疗费用"[1]，并不是我们支付的"个人医疗费用"。假如，从明天开始所有的保险医疗全都取消，那么国家医疗费用就是 0，而我们的个人医疗费用则会呈爆发式增长。

引入 AI 之后减少的到底是哪一部分医疗费用呢？又会减少多少呢？要搞清楚这个问题，我们首先得知道现在的医疗费用是怎样构成的，人工费占了多大比重，药物费占多大比重，等等。因为若是医生的工作由机器来代替，这一算法就失效了。

在引入 AI 之后，普通的医疗费用将会明显下降。因为在 AI 的帮助下，一般的普通医生就能下诊断，而且也

---

1 日本的医疗保险制度中，纳入医保项目中的项目费用一部分由国家承担，一部分由个人承担。

不需要那么多的医生，这样一来人力费自然会减少。但正如前文提到的医生的人工费只占总体的 12.7%，就算减半也就只减去 6% 左右。而医疗费用正以每年 1%—3% 的速度递增（不考虑医保政策改革），所以说就算 AI 的引入让医疗费用减少了 6%，效果也不会特别明显。

前文中说过，医疗费用增加的两大原因是人口老龄化和医疗高水平化。由于人口老龄化，就医人群会增加。假设肺炎患者增加了 1 倍，对抗生素的需求也会增加 1 倍，虽然有了 AI 诊断后降低了医生的人工费，但最终的医疗费用其实并不会有太大的变动。

另一方面，医疗的高水平化势必会带来药品价格的上涨。随着医疗水平的提高，以前无法治愈的罕见疾病也有了特效药。但从供需关系来看，罕见疾病的特殊用药其价格势必会十分昂贵。像抗生素这样的广谱药，价格自然会降，但若是全日本仅有的一例病人的治疗用药，其价格肯定是无法跟抗生素一样低的。不然，谁还会去开发新药呢？新药的开发需要成本，药价就必然会走高。

就现状看来，如果想通过引入 AI 来解决这些问题，大概是不太可能的。AI 的确能在一定程度上降低医疗费用，但在医疗费普遍上涨的现状下，相比整体的增量，引入 AI 能起到的作用也只是微乎其微。

医疗和电话的相似之处

这里所说的医疗费指的是"国家的医疗费用"。

首先我们要清楚"国家的医疗费用"是用在哪儿的，用了多少，这样才能知道医疗费用会不会有实质性的减少。就拿现在的医疗费的构成来举例，从日本厚生劳动省发布的《2016 年度国民医疗费用概况》中可以看出，不同年龄段的人均医疗费用情况大体如下：

65 岁以下人群是 18.4 万日元，65 岁以上是 72.7 万日元，75 岁以上是 91.0 万日元。可见，随着年龄的增长医疗费用也会相应地增加。2019 年日本的医疗费用总额约为 42 万亿日元，预计 10 年后的 2030 年会增加到 50 万亿日元左右。

不仅如此，医疗水平的提高也会带来医疗费用的增加。据日本医师会综合政策研究机构的调查数据，目前日本全年龄段的人均医疗费用的增长率为2.4%（非老龄化带来的增加），其中0—4岁人群的医疗费用增长率为3.0%，30—40岁人群为1.1%—1.2%。可见，老龄人群之外的人均医疗费用也在增长（20—30岁人群的数据未知）。因此，"老年人多了所以医疗费用增加了"的说法并不准确。

接下来，我们将视角转换到个体，这个问题就与我们每个人息息相关了。

先说结论——如果是享受"与现在同等的医疗服务"，医疗费用就会增加；如果是享受"与现在同样的医疗服务"，医疗费用就会减少。这是什么意思呢？或许可以用电话来举例以帮助理解。

曾经我们只有固定电话，且使用费相当昂贵。要问现在的电话费有没有下降，答案是肯定的。以前我们用电话需要跟电信电话公司签合同，打电话的时候还特别在意电话费。但现在我们有了网络电话，可以免费通话。那么这就可以说我们的通信费下降了吗？那也不一定。

日本总务省统计局公布的数据显示，1988年日本人的通信费用大约是每月6198日元，现在是每月13404日元。现在的通信费和30年前相比，增加了一倍多。但如果只看固定电话的通话费，就只有1782日元，比之前少了许多。这是得益于通信技术的进步，我们用上了智能手机。我所说的享受"与现在同样的医疗服务"，费用会减少，就相当于现在只用固定电话的人的电话费会减少。我说的享受"与现在同等的医疗服务"，费用就会增加，其实跟使用智能手机之后通信费增加是同一个道理。

AI 手术的安全性

临床中，我们可以让 AI 来决定用药。医生只需要录入 X 光片或检查结果，AI 就会以此判断该用什么药。比如，检查结果显示血压偏高，AI 会建议服用治疗高血压的药物。这项工作并不是非人类不可，AI 完全可以替代。

真正困难的，是做手术。别说做手术，就连输液打针都很难让 AI 或机器人来做，因为会有太多不确定因素。比如打针的时候，AI 靠推测来找血管，如果患者因为疼痛挪动了身体，AI 就得重新找进针的位置；如果针刺穿了血管造成皮下出血，则必须快速拔针止血；进针力度也是没有办法量化和统一的。我们将来或许可以开发出能够判断力度和处理紧急状况的机器人，但就目前情况来看，有些事还是让人类来做比较省事。

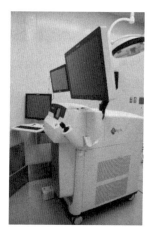

图 2—2 半自动白内障手术机器
图片由作者提供

现在，白内障手术已经可以由类似 AI 的机器来自动计算和获取数据，并进行半自动手术了。人眼中有一个组织叫作晶状体，晶状体混浊导致视力下降就是我们常说的白内障。晶状体为囊袋，手术中，机器会切开囊袋，将白内障击碎成乳糜状后，借助抽吸灌注系统吸出。

为什么眼科手术能使用机器人，其他科室不行呢？正如前文所说，因为眼睛是一个透明的组织，方便机器来做手术。我所在的医院也在使用这种半自动白内障手术机器，它比人工手术更精准、更安全。缺点则是耗时较长，而且还可能会有手术不彻底的情况出现。

"手术不彻底"指的是什么呢？首先，机器在做手术前必须要获取患者的一系列数据，这就需要一定时间，而且手术过程中要求患者保持眼球绝对不动，这对有认知障碍的患者来说几乎是不可能的。另外，机器手术的时间本身也会比人工手术时间更长。因此，对于术前数据不充分或术中可能会动弹的患者来说，还是人工手术更加安全。人可以随机应变，对手术中的突发状况迅速做出反应，而机器只会根据输入的数据来操作。

机器的设置和数据分析都需要时间。例如，手术过程中发现患者的白内障比想象中更严重，或者白内障位置与常人有微妙差异。面对这种情况，人工手术就会察觉到这些特殊性，随机应变地进行调整，但机器在面对这些意外时，只能重新再做数据分析和相应设置。

理论上，机器可以操作至极致。但一旦操作失败就糟糕了，所以最好给机器设定一个手术的"安全范围"。比如，白内障手术中需要将浑浊的晶状体击碎成乳糜状，人工手术可以碎至 0.1 毫米。那么，使用机器就只能在设定的安全范围内进行，以免出现差错。因此，肯定会有一些病例会因为机器手术没做到位，又需要人为进行某种程度的追加治疗。

数据的量和质都举足轻重

AI 研究者们提出了这样一个疑问：AI 能不能做与白内障手术相似的其他手术？例如，内窥镜手术等。其结论是，可以做，但成本太高。

首先，手术的操作方法本身就是"十年如隔世"，十年前的手术方法现如今早已被淘汰了。而 AI 治疗是基于对大数据的深度学习，在数据收集的同时，时代也在发生着变化。可想而知，之前的数据会不断失效。这样一来，我们就只有两种选择：

（1）不等数据收集完毕，仓促地将 AI 投入治疗；

（2）等待数据收集，希望医疗不再进步，利用 AI 进行治疗。

还是以白内障手术为例。以前做手术完全不用机器，全靠人手将浑浊的晶体取出，手术创口大概在 1 厘米左右。大约从 20 年前开始，手术开始普遍采用白内障超声乳化吸除方式，当时，机器本身也还在不断完善和更新，手术创口有接近 6 毫米。后来，到了 10 年前，手术创口缩小到 3 毫米左右。同时，植入人工晶体的技术也发展起来，现在只需要 2 毫米左右的创口就能完成白内障手术了。

因为需要做白内障手术的患者众多，数据充分，所以这一领域的技术才能有良好发展。当然，针对其他疾病的机器手术也在快速发展中。于是我们看到，很多疾病可能"只有 100 人的临床数据"，但也在采用机器手术，也要在手术过程中确定好切口的位置。其结果就是，在数据收集的过程中，手术的方法也发生了变化。

不只是技术的进步，一些新出现的问题和状况也会对 AI 手术造成困扰。比如，以前只有症状特别严重的老年人才会接受白内障手术，但现在，随着手术安全性不断提高，年轻患者也开始接受白内障手术了。那么，之前的老年人的病例数据就不适用了。

此外，药品供应商也是一个重要影响因素。在白内障手术中，一般会使用粘弹剂来保证眼球的稳定。如果因为供应商方面的问题，导致之前使用的粘弹剂无法再使用了，就需要找其他粘弹剂来替代。医生若感受到药品的变化，完全可以随机应变。但 AI 要是遇到没有输入系统的新药数据，就无法开展手术了。

明明有这么多弊端，我们为何还要讨论将 AI 引入手术呢？其中的一个理由就是，手术有太多的不确定因素。

要是遇上庸医，接受手术可能就是一个送命的行为。患者在服药过程中如果有不良反应，姑且可以立即停药，但遇到庸医给自己做手术，切错了部位，患者可能会即刻丧命。那我们到底该信任什么样的医生呢？对此，我无法作答。当然你可以选择"名医""大学教授"，但这些群体也是玉石糅杂，要知道名号并不能完全代表实力。作为患者，你需要做的是用心收集信息。

然而，能够收集大量信息找出真正的"医林高手"的超级老人并不多。我时常听到患者说"去别的医院太麻烦了""这个医生不靠谱""住在小地方，没条件，只能接受这样的治疗"，等等。在这些情况下，建议还是选择机器手术更加安全。事实上，"机械操作"这几个字本身也会给人一种安全、准确的感觉。

毫无疑问，AI 手术以及 AI 辅助手术会愈来愈多，这是大势所趋。这对于我们的老龄化社会来说也是一桩好事。但同时，对名医的需求也会增加，准确地说，好医生的价值将进一步提高。

引入 AI 的隐蔽性风险——技术退步

白内障手术可以在一定程度上借助 AI，这无疑是一件令人高兴的事情。随着技术的不断发展，手术的部分环节交由机器操作将成为人们的认知常识。未来，普通手术不再需要由人来做，只有在 AI 无法应对的紧急事态或遇到罕见疾病时再由人来处理即可。

大家平时都开车吧。开的是自动挡还是手动挡呢？如今大部分人都是开自动挡汽车，因为自动挡无须换挡，驾驶轻松容易。日常生活中开自动挡车不会有任何问题，但如果你考取的是手动挡驾照，却一直开着自动挡汽车，就难免会遇到尴尬的情形。比如，有人突然对你说"你是手动挡驾照吧，来，你来开这辆车"，你虽然不至于完全不会开，但由于日常开习惯了自动挡，你还是会担心半路熄火，一路胆战心惊，生怕发生交通事故。

手术也是如此。如果医生只有在机器手术无法处理的情况下才上手，那医生的水平也无法一直保持。平时没有规范性地做过手术，一旦遇到必须规范性地进行人工手术时，医生就会乱了阵脚。这样一来，患者就会涌向那些一直勤勤恳恳做着手术，治愈过许多疑难杂症的有经验的医生。而另一边，那些几乎全靠 AI 机器的医生们就会变得大同小异，无足轻重，患者也不会特别在意他们。

如果你是患者，你会选择哪一边呢？既然 AI 未必能治好你的眼睛，一旦发生意外，很可能无法处理，附近的医生也不知道是否值得信任，那么大家一定会趋之若鹜于"名医"，这样一来，"名医"的压力势必会很大。

长此以往，越是有实力的医生就越能得到历练，而越是没什么实力的医生就越得不到成长的机会。名医会越来越稀缺。

事实上，现在已经出现这样的苗头了。以前，几乎没有患者会去考虑让谁来为自己做手术，不会去选择医生，遇到谁就是谁。因此，规培中的医生也能得到锻炼，积累经验。而现在，上级医生就在旁边，稍微有难度大一点的病况就会由上级医生来做，而且，有些患者还会要求不要规培生来给自己做手术。

为什么以前就没有这种情况呢？原因有两个。首先，那时社会伦理环境相对宽松。其二，以前的医疗技术水平没那么发达，手术成功率本来就低。假设上级医生的手术成功率是 40%，下级医生的成功率是 39%，换成失败率来看，分别是 60% 和 61%，其实并没有太大的差别。再假设上级医生的手术成功率是 99%，下级医生是 98%，反过来失败率就是 1% 和 2%，相差 1 倍。这就很容易让我们产生"差别很大"的主观印象了。如今随着医疗水平的提高，这种现象已开始出现，年轻医生能上手术台做手术的机会越来越少了。

之前，普通医生也会接到许多患者的挂号，所以患者基本上是分散开的，名医的负担也没有那么大。而现在，名医的信息到处都是，患者也开始有了强烈的自我主张，希望在经验丰富的老医生而不是经验少的新手医生那儿看病。曾经分散的患者就变得集中起来，规培生医生就更难有上手术台操作的机会了。

不仅如此，随着医疗机构引入 AI，疾病的诊断、治疗模式也在不断细化，新手医生几乎没有什么机会接受培训。虽说可以顺应潮流，使用 AI 进行教学，这样一来年轻人的业务水平也能达到一定程度。但说实话，经历过多少次紧张时刻、有过多少实战经验也是医生的实力表现之一。

其实，顶级医生和普通医生在对疾病的"常规治疗"上没有太大差别，但是在面对极其罕见的特殊病例和紧急情况时，差距就明显了。而那些针对罕见病症的治疗方法，并不能从 AI、教科书或是上级医生那儿学到，必须是自己在医院身体力行之后才能总结出来的经验。正因如此，医生之间的差距才会越来越大。

　　将 AI 引入医疗领域的风险就在于此。AI 会让医生的治疗水平在一定程度上被平均化，其导致的结果是医生的技能会下降。在 AI 的协助下，普通医生会有所增加，同时，能在生死时速的时刻抢救患者和操作风险极高手术的"顶级医生"也就百里挑一了。

"名医"与"普通医生"的差距

　　上文中我们谈到，在 AI 时代，医生之间的差距会变大。这里所指的差距并非"表面上的实力"和"收入"方面的差距。进入 AI 时代后，顶级医生凭借"AI ＋实力"，医术会更高超，其做的治疗效果也会更好。他们会把一些必要的病理检查和向患者说明病情的工作交给 AI，自己只需集中精力做自己关注的事。这样一来，工作效率就提高了，也能为更多的患者提供诊疗。同时，因为有了 AI 提供的辅助诊断，在对疾病的判断上会更省时省力，医生可以潜心研究手术中的疑难点和注意事项，手术时间也能得到充分保障，医生的实力自然能得到进一步的提升。

如果顶级医生能够接诊足够多的患者，疑难杂症就都会集中到他们那里。相反，普通医生那里就只是借助 AI 诊断，接诊一些一般疾病的患者了。

之前，这些"普通医生"也能接触到大大小小的病症，而引入 AI 后就只能接诊普通疾病患者了。那么，这些医生原本还想努力学习提高医疗水平，但面对这一情况就觉得没有必要了。这样一来，工作倒是轻松了，同时，医术也如逆水行舟不进则退了。

慢慢地，可能就会出现"离开了 AI 就不会看病"的医生。其实，每当启用了新的诊疗器械就会产生这样的问题，现在就有医生说自己"没有 MRI 就下不了诊断"。

眼科有专门检测远视、近视和散光的自动验光仪。

以前是非自动的，近视度数等都需要人工测定，操作不熟练的医生会测不准，还很费时。后来有了自动验光仪，任何人都能轻松操作，而且时间短，患者也轻松。现在的年轻医生绝大多数都是从入行时就使用自动验光仪。

但是，若患者是婴儿或爱动的孩子，我们就无法使用仪器了。但现在能做手动检查的医生，就只剩极少数训练有素的医生或儿科的专科医生了。所以，患有斜视或弱视等情况复杂的孩子就不得不去看专科门诊，而在那里又需要等待相当长的时间。

医生的两极分化

由于 AI 的引入，普通医生的工作会变得轻松许多（实力也会下降）。很多人会说，工作轻松不是好事吗？其实并不是，而且这一变化势必会遭到医生们的强烈反对。为什么呢？首先是收入的问题。引入 AI 可以控制医疗费用，同时也会降低普通医生的工资。因为他们将来的工作很可能只是"检查确认"和"承担责任"。这也是现在的医生反对引入 AI 的原因之一。

于是，有人指出医生反对引入 AI 的原因就是为了钱。殊不知，还有比这更加让医生抗拒的事情，那就是尊严，这比金钱更重要。将来有些医生的工作就是听从机器的指令下诊断、做诊疗，这势必是大趋势。那么，那些一直努力的医生就会不愿承认自己只是听机器摆布的"普通医生"，会产生"机器不靠谱"的抵触感。

钱的问题，倒还有妥协的余地。人不能不劳而获，没有人做着轻松的工作还指望着高薪。而且这些普通医生或许今后还会有其他工作，工资也不会减少。所以，说到底还是尊严的问题。谁也不愿被视作可有可无的人。AI 的研究人员在这个问题上显然还欠考虑，一味强调 AI 的作用，"AI 的诊断能力很高了，不需要医生了"（虽然没有直接这么说）的论调的确令人反感。如果过于强调 AI 的作用，结果会怎样呢？

那就是，AI 引起的医疗事故会被医生放大。使用 AI 自然也会出错，但这些差错在媒体中出现得越多（即使实际失误比人为操作少），人们对 AI 的印象就会越差，反过来这也会阻碍 AI 的发展。所以我认为比起钱的问题，还是应该更多地关注"医生的尊严"问题，可以多强调"AI只是医生诊断的辅助工具"。

其实，对于没什么实力的医生来说，有 AI 是件好事。这些医生之前都是糊弄着看病，现在有了 AI 帮忙，会安心不少，或许还能和大多数的"普通医生"做得一样好，薪水也能涨。这些医生或许也隐约意识到了这一点，只是他们自己不愿承认罢了。

所以，顶级医生和庸医都会对 AI 的引入表示欢迎，中间的普通医生则会抗拒。实力较好的医生，其医术会越发变强，实力较差的医生，其医术也会有所长进，而实力中等的医生，其医术则会退步，这就会导致医生医术出现两极分化的现象。

其实，医生人数最多的是处于中等水平的医生，因此，医师协会可能会采取偏向于中等水平医生的态度。但实际上，对于实力较好和实力较差的医生来说，引入 AI 是有利的事情，对于患者来说也是好事，只不过确实存在某些方面的缺点。比如：名医数量有限；优质医疗资源被争抢；医生的特殊技能消失，某些疾病的医治受限，等等。

医生们或许也会就此提出强烈反对。所以，借此机会，我想向 AI 开发的技术人员提出请求，希望你们能针对这些意见提前做好准备并思考应对方案。很多人不在意细节，其实正是这些细节的地方才容易出现纰漏，我想大家都不希望看到日本的 AI 化落后于世界的结局吧。

如何利用"AI 时代的医疗"？

最后我想谈谈引起大家重视的伦理问题。注意，不是单纯地谈"AI 能不能理解伦理问题"。大家都知道，现代医疗非常看重如何延长患者的生命，但也会有一些复杂的情况难以处理。

例如，在失明和失业、治疗和放弃中间，应该如何做选择？治疗是肯定需要的，但治疗期间就不得不请假，最后可能会失业。相反，若是为了工作不治疗，放任不管最后又可能会失明。还有，98 岁的高龄患者该不该做大伤元气的手术等，这些都是医疗伦理上的难题。

以往面对这些问题，医生会做出恰当的决定。因为医生是知识分子，有知识有文化，素质高，他们甚至能带动一个地区发展，所以我们一般都会认为"听医生的准没错"。

即使到了今天，当涉及医疗伦理和 AI 的关系问题时，我们还是会认为"医生的判断最有道理"。然而，现实情况并非如此。因为与过去相比，今天的医生更多是把医生这个职业当作"技术工作"来做。很多医生不注意提高自己的医德医风，只重视自己的专业。如果他们一味坚持只看数据，固执己见，就会变得跟机器没什么两样了。从这个意义上来说，今天的医生相比于机器，在伦理问题上并不一定更通情达理。

那么，在不断发展的 AI 社会中，老人们要如何才能享受到基于 AI 的医疗资源呢？

首先，AI 主要是在"诊断"中发挥作用，在"预防"方面只能当作参考。当按照 AI 的诊断进行治疗但没有见效时，请不要坚持认为"AI 肯定没问题"，必要时要重新诊断。因为 AI 对罕见疾病束手无策，所以如果 AI 没发挥作用，我们就要提高警惕了，要进一步确认是不是罹患了罕见疾病。这时就非常需要名医来进行二次诊断。

其次，治疗过程中的用药建议可以求助 AI，但做手术还是尽量选择名医或能熟练操控 AI 的医生比较稳妥，因为 AI 顶多只能辅助手术。很多人在听到"AI 手术""手术机器人"时会感到安心，这其实是个错觉。

那么，我们究竟该选择怎样的医生呢？AI 引入之后，庸医的数量会减少，所以你身边医生的诊断大概率都是可信的，只不过不要盲目信任 AI 就行。治疗效果不理想时，请及时找其他医生再做诊断。AI 时代，那些名医的名气会比现在更高，他们的就诊号将一号难求，大家要有这样的思想准备。

第 3 章

AI 能消除老年人的『孤独死』吗？

不"孤独死"的三个条件

谁都会害怕晚年孤独，担心"孤独死"。然而在 AI 高度发展的社会中，晚年孤独和孤独死现象都将不复存在。这到底是怎么一回事呢？

当今社会，要想不"孤独死"，可以选择与家人同住，搞好与亲戚邻里的关系，或者住养老院，等等。与家人同住，首先必须有家人，单身的人是无法实现的；要想与亲戚、邻里搞好关系，就得时常与他人保持亲近和往来，也会使人疲惫；若是选择住养老院，花销也是个问题。

确信有家人会为自己养老送终的人是不会担心孤独死的。还有一些人，每天都与邻居有联系，一旦有什么事，大家都会赶来帮忙，这些人也尽可放心。但即使是这样的人，偶尔也会有与家人闹矛盾的时候，也会有碰巧家人出去旅行，留下自己独自在家出意外的可能。在这种情况下，要是与邻居关系也不好，就无力回天了。

我们为什么会害怕"孤独死"呢？虽然这可能因人而异，但归根结底还是觉得自己本可以避免早逝。也就是说，如果有家人在身边，就能及时发现自己心脏骤停，还可以救自己一命。哪怕是最后抢救无效过世了，也不至于沦落至孤独死。如果真的是死后两周都没人发现，那的确是太悲惨了。

不过，随着新技术的问世，即便没有家人，邻里关系不好，也不会再有"孤独死"了，确切地说是不可能孤独死了。因为现在有了可穿戴设备、IOT（物联网）、AI等新技术。

可穿戴设备指可以穿戴在人身体上的各类智能设备，其中内嵌有各类高精度且灵敏的传感器。比如智能手表，用户一旦出现心脏骤停等状况，手表会立刻有感应，并紧急呼叫救护车。这种手表目前已实现市场化。第4代苹果手表具备的跌倒检测功能，已切实地拯救过生命了。

除此之外，今后还会出现各种各样的可穿戴设备。比如，能感应用户的眩晕，判断是否处于无意识状态（可以检测用户是否在不该闭眼时闭眼）的眼镜。JINS睛姿股份有限公司的智能眼镜"MEME"就具有感应和分析用户的精神集中度和疲劳程度的功能，尤其是在开车的场景下，如果发现用户出现疲劳状态，智能眼镜会及时提醒以防止出现意外。

IOT（物联网）会将所有设备与互联网相连。比如，将眼镜和手表连接互联网，可以在危急时刻帮助呼叫救护车。此外，如果室内空调能探测到人体温度（能根据体温自动调节温度的空调已投入市场），就能自动感知你是否发烧，是否身体不适。还有可以获取用户声音的音箱，如谷歌的 Home、亚马逊的 Echo 等智能音箱。如果智能音箱精确到可以感应和分析呼吸声和心跳，就可以识别"人在，却没有了呼吸和心跳"的紧急情况。

当然，智能音箱除了能感应心脏骤停、四肢僵硬、体温下降等状态外，还能监测到心脏骤停的前兆并采取急救措施。比如，当用户由于脑梗口齿不清时，音箱通过感应、捕获用户语言行为的变化推测其疑似脑梗，从而及时呼叫救护车。类似这些能感应和分析用户的健康状况波动的技术并不难实现。这就是"孤独死"将不复存在的原因。

选择姑息治疗还是"尊严死"?

孤独死消除后又会出现另一个问题,那就是"救治的度"。紧急情况下的抢救通常都是半强制性的,也有人表示并不愿意接受通过插管、输营养液来延缓生命的姑息治疗。但是,如果不是事先约定,医院大概率都会进行最大限度的抢救。

我们都知道,安装人工呼吸机,输营养液,插胃管等措施都可以延缓死亡。如果患者拒绝接受这些抢救措施,也就是不希望进行姑息治疗,就必须事前跟医院表明态度。因为戴上呼吸机之后,患者本人根本无法再表达意见,家属也很难替患者做出希望摘掉呼吸机的决定。

摘掉呼吸机这种做法,从制度上看并不是做不到,但接受这种貌似让人以积极的态度面对死亡的做法,在心理上的确是一个巨大的难关。知名的富山县射水市民医院事件和北海道羽幌医院事件,就是因为医生取掉了患者的呼吸机,医生就被认定涉嫌杀人并被移送至检察机关。因此,对医生来说,一旦给患者戴上了呼吸机,之后要再把它取下来，将会面临极大的风险。

正因如此，患者本人明确表示不希望接受姑息治疗就非常必要了。这种做法被称为"尊严死"。说到不做姑息治疗的"尊严死"，很多人觉得"那不就是放弃治疗，医院什么都不做了嘛"。其实不然，只要表明自己的治疗意愿，比如只接受输液，或只接受心脏复苏，等等，医院都会遵照患者意愿进行治疗。具体来说，就是有选择地进行输氧、输液、气管插管、上呼吸机、电休克或心脏复苏等。

可以接受输氧和输液，但不希望有更多抢救措施的人很多。因此，如果不事先申明自己可以接受的治疗的度，通常医院就会施予最大限度的抢救措施。

这里需要强调的是，"尊严死"并非消极治疗或等死，而是不接受破坏性治疗而已。另外，与"尊严死"相提并论的还有"安乐死"。但"安乐死"是使用药物结束生命的做法，和"尊严死"完全不是一个概念，希望大家不要混为一谈。之前日本某电视节目中在报道某一病例时就混淆了"安乐死"和"尊严死"的概念。

AI 将终结"孤独"

在未来的 AI 时代，人们集中在都市工作的模式将被打破（这当然也有来自全球新冠疫情的影响）。人们必须待在城市里的理由变少了，住在小地方，物价和房租也都会更便宜。

人们不再需要太多的直接接触，就连便利店也因为有了自助收银机而不再需要店员，平时的人际交往也会减少到最低限度。但是，朋友之间的联系会比以前更深。只有极少数人会像往常一样，或比之前更频繁地奔波于世界各地。那么，大家会感到寂寞吗？不会，甚至内心的孤独感比现在更少。

"AI 将终结孤独"是什么意思呢？此前，人们只有面对面，也就是只有凑到一块儿才能进行交流，才能感知对方。而新技术正在改变这一点。比如，现在有了 LINE[1]，我们可以进行不间断的通话和交流。就算有事要忙或是要

---

1 LINE 是韩国互联网集团 NHN 的日本子公司 NHN Japan 推出的一款即时通信软件，类似于中国的微信、QQ。2011 年 6 月正式推向市场，全球注册用户超过 4 亿，在日本和中国台湾有较大的市场。

去厕所，也可以在之后继续中断的聊天。有了这种不占用彼此时间的聊天工具，与他人的交流和沟通也就变得更加随意和轻松了。

当今社会，只有具备良好的沟通能力的人，才能拥有更多的朋友。那些不善于察言观色，不善于站在对方的立场上进行交流和沟通的人，就成了"独行侠"。有些人会莫名其妙，没来由地不高兴。这种情况下，如果 AI 能在一定程度上感应到对方的心理，提醒我们此时对方"情绪不佳"，我们说话做事就可以适当注意，人际交往就会更加顺畅。那些"社恐"的人也会更自信一点了。

使用 AI 技术后，与 AI 的对话就像是平常与人交流一样。只不过，与 AI 进行日常对话，可能反而更会让人感到孤单寂寞。但是，如果我们有目的地使用 AI，那就不一样了。比如，利用 AI 应用程序进行英语的对话练习，就不会有这种感觉。

另外，不擅于处理人际关系的人还可以养电子宠物。索尼曾经推出过一款名叫"AIBO"的电子宠物狗。当然，有些人对机器宠物不屑一顾，但也有人把 AIBO 视为珍宝，为其倾注了极大的感情，甚至为 AIBO 举办葬礼。前面提到的 Home 和 Echo 智能音箱中的人机对话也非常有趣。如果你有 iPhone，可以试着跟它的语音助手"Siri"聊一聊，你会发现它意外地擅长聊天，是另外的一种乐趣。

不论是人还是宠物，人们崇尚的都是"眼见为实"。不过现在，我们可以利用 VR 技术，让不在眼前的事物仿佛就在眼前一样看得见、听得到。未来，VR 还能让我们体验到触感并感受到对方的体温，甚至还能闻到气味。到那一天，当现实的人站在面前，我们可能都很难区分他是真实的还是虚拟的了。

将现实世界中真实存在的人或宠物以虚拟的手段再现，是利用 AI 消除孤独感的方法之一。有人可能会嗤之以鼻，认为"不过是些假东西，又不是真实存在的，有什么好的"。

然而，随着 AI 技术的发展，我们会有更多机会去饲养真实的宠物。一些老人或体弱多病的人，因为自己身体的原因，考虑到自己随时可能住院，因而一直不敢养宠物。但是，当互联网应用到所有领域，就能实现宠物的"远程喂养"。即使住院了，我们也可以把宠物寄养在宠物店，并进行远程投食，还可以抚摸互动。这样一来，那些因年事已高又体弱多病而没法养宠物的人的顾虑就可以消除了。

依然选择孑然一身

我前面提到，在 AI 时代，我们不必与太多的人直接打交道，但是人与人之间的联系会增多。这听起来似乎很矛盾。需要说明的是，增多的其实是非面对面的"非直接"联系。

假如，你的兴趣爱好是收集牛奶瓶盖，你可能会发现在同一城市很难找到一个与你有相同爱好的人。但通过互联网，你很容易就能找到。而且，我们现在不仅可以与志同道合的人互通邮件，还可以像在现实中交谈一样进行网络聊天。远程通信工具中，目前广为人知的有"Zoom"和"Skype"等。

"孤独"不同于"孤独死"，是可以选择的。你可以选择独处，享受孤独。孤独，绝不是一件坏事。令人意外的是，老年人中居然有很多人很享受孤独。与他人为伴固然好，但为了追求人生的满足感而依赖于他人是有一定风险的。

另外，新技术虽然带来了更多的人与人之间的联系，但联系的形式并不会发生改变。因此，出现了发出信息，但不见回复的尴尬，类似 LINE 上出现的"已读不回"。当孤独消除，不自由也随之而来。这也是一个难题。

人类不再有死亡

人老了以后难免面临生离死别，老伴儿、家人、朋友都会离我们而去……但有了 AI，即便老伴儿离世，我们也可以像他（她）还在世时一样与他（她）聊天。

也就是说，如果在 AI 设备中录入了配偶的说话模式，即使对它说了你和配偶从未有过的对话，它也会按配偶的说话习惯来回应，而且，声音也能转换成配偶的声音。当然，你可能会觉得"不过是台机器……"而倍感孤寂，但对于彼此深爱着的人来说，即使是台机器，能与去世的爱人聊天，也会让人心中充满希望。

我曾养过一条叫"普普"的泰迪狗。它偶尔会和我打闹，但非常可爱，而且能听懂我说的话。两年前，13岁的普普死了，我到现在还在想，"要是能再见到普普就好了"。那么，如果 AI 能再现普普的叫声和动作，仿佛普普就在眼前，会怎样呢？当然，若是真的普普是最好的，但是既然普普已经不在了，那么有个 AI 的普普也挺好，至少它能对我的话有回应。

同样，我们也可以留下大量的视频和音频，以记录自己的思考方式和回应方式。这样，AI 在学习了我们的对话习惯后就能随意聊天了。当然，肯定会有人说"才不需要那玩意儿！"，但我会想要留下些什么。一想到自己在死后仍能与这个世界有关系，真是又高兴又害怕。

迄今为止，人死之后能留下的，除了遗物，就只有给家族后代的"遗传基因"和给弟子们的"思想"了。现在又有了新的存在方式，不是家人或弟子去缅怀故人，而是死者本人以另一种形式继续活在这个世上。

换句话说，"死亡"的概念会发生变化。人的肉体当然会消亡，但机器会将故人的思想和说话方式记录下来，再现故人的"原貌"。

试想一下，当你老了，家人和朋友都相继不在了，会怎样呢？我想大家都会需要一个能和自己对话的 AI。当然，与 AI 聊天，难免会有一些空虚感。但我相信，人类与 AI 的交流会越来越自然，越来越融洽，直到像真实的人际关系一样。

比如前文中提到的亚马逊和谷歌的智能音箱，它们可以根据接收到的指令，做出各种相应的回应。比如，如果你告诉智能音箱说"我想买书"，它能帮你下订单；如果你向它询问天气，它能回复你次日的天气情况；你可以向它提出各种疑问，它都能为你答疑解惑。这样的人机对话并不是为了排遣寂寞，因为与 AI 的这种日常生活中极为自然的搭话，就好像家里有位管家，跟管家说话怎么会感到别扭呢？也就是说，今后人类与 AI 的交流，并非是有意识的，而是下意识地随意聊天，这样一来就不会有任何的孤寂感。

预防医疗不参保的原因

前文中探讨了孤独和孤独死的问题，围绕"死亡的概念将发生变化"这一话题作了阐述。接下来，我想基于医疗行业的现状，谈谈 AI 时代下有关死亡的问题。

由于 AI 的出现，疾病的诊断准确率和治疗康复率将不断提高，人类的寿命会继续延长。但仅仅延长寿命是不够的，最好还能找到让人不生病的办法。对于疾病早期发现固然重要，更重要的是"不发病"，也就是预防。但是，医疗界目前并没有很认真地对待这个问题。理由有三：

（1）预防疾病对于医生而言没有成就感；

（2）在医生群体中，存在着大量的"假医生"；

（3）预防疾病需要大量的数据支持。

虽然给患者看病是医生的本职工作，但是在日本，指导患者如何预防疾病在多数情况下是没有任何报酬的。在美国，只有有钱人才能享受到满意的医疗服务，而日本实行的是"全民医疗保险制度",人人都能低价就医,人人都看得起病。只不过,这种医疗保险只能保证在生病后能以较低的价格接受治疗,并不适用于疾病的预防与保健。

比如,因为肚子疼去看医生,被确诊为误食导致的食物中毒,这种情况下的医疗费是适用于医疗保险的。但如果只是想向医生咨询防止腹痛的饮食和保健方法,医疗保险就不适用了。这种情况下,医生就会对患者表现得没有耐心,只想尽快开药让患者赶紧走人。

医生对患者缺乏耐心,甚至还会妨碍药物发挥其有效性。比如,滴眼药水之后,如果患者不停地眨眼、转动眼球只会让大半的眼药水流出眼睛,使效果减半。正确的做法是在滴眼药水后闭上眼睛,按压眼角静待 1 分钟左右。

你在滴眼药水之后会闭上眼睛按压眼角 1 分钟吗?我的团队对此进行过调查,结果发现 95% 的人没有遵照正确的方法。因为指导患者正确滴眼药水是不包含在医疗保险内的,所以很多医生都不会告诉患者,才会出现这样的情况。不过,老年人中也有一小部分的超级老人会询问药剂师和护士,了解药品的正确使用方法并按规范治疗,但这对绝大多数的普通老人来说是比较难办到的。

在日本，一些牙病的预防是包含在医疗保险范畴内的，比如指导患者正确刷牙和去除牙结石等，所以医生往往会主动向患者提出建议并耐心指导。总而言之，在实行全民医疗保险制的日本，还存在着各种制度方面的问题。

医生的"工作动力"问题

除了制度方面的问题，医生的工作动力问题也很关键。

提到医生，你有什么印象呢？电视里出现最多的医生形象是给病人开点药、做做检查的医生。《救命病栋24小时》《紧急救命》《X医生》《最强的名医》《怪医黑杰克》等日本电视剧或电影中的主人公大多是外科医生，而与眼科、皮肤科相关的电视剧或电影几乎一部也没有。看来，在大家眼中，能救人一命的果然还是外科医生啊。

有许多人自称，正是因为看了这些医护类电视剧或小说之后才立志成为一名医生的，他们肯定是带着救死扶伤的志愿成为医生的。虽然指导患者正确用药等"预防"医疗也能救人一命，但我们无法否认它"不起眼"的一面。很显然，将患者从死亡的深渊拯救出来的意义更大。

其实，眼科医生也一样。当看到做完白内障手术的病人"重见光明"时，他们会特别有成就感。但青光眼手术只是为了消除失明的隐患，手术之后患者的眼睛还是看不清，别说患者，就连医生自己也感觉不到特别的变化。正因如此，许多眼科医生更愿做白内障和视网膜脱落手术（又名玻璃体切割术），觉得这更有价值。

医生的工作动力和满足感是在治病救人的过程中获得的，这在预防医学工作中很难感受得到。预防医学的成功主要表现就是，患者没有生病，什么都没有发生。既然什么都没有发生，成就感自然难以体现了。而且，致力于疾病预防，甚至还会被指责说"医院为了赚钱，把没病的人都喊来看病"，可见预防医学真是吃力不讨好。

随人类寿命延长而来的诸多问题

前文提到 AI 提高了疾病的诊断准确率和治疗康复率，延长了人的寿命。事实上，AI 也在逐步应用于诊断和治疗之外的其他领域。

AI 具有感应人类健康体征的功能。例如，智能手机的应用程序会显示"今日步数"；智能手表能监测人的心率，苹果的智能手表还能在用户心脏病发作时提供紧急呼救。

未来，为了保证人的生命安全，生物识别数据将越来越多地被 AI 监控。这对保持身体健康非常有效。在我们患病之前，也就是在"亚健康"阶段，AI 就会提醒我们接受预防治疗，帮助我们过上无病痛的生活。这与我们平日里每天量血压、定期称体重是同样的道理。

但 AI 的监控要比这专业和细致得多。比如，它会提醒你"长期食用辛辣食物，患食道癌的概率高达 80%"，于是，你可能会尝试改变自己的饮食习惯。这与人为提醒你有着很大的不同，如果有人告诉你说"吃太多辣的东西容易得食道癌哦",你可能会不以为然,而且也不会去改变饮食习惯。

不过,AI感应人体健康体征的功能也存在一定的问题,因为其中包含非常私密的个人信息。比如,通过分析你的心率,AI可以发现你正在说谎;当家人跟你说话的时候,AI可以立刻分辨出你是在认真听,还是心不在焉;亚马逊推出的带感应器的新款吸尘器能够在你看它时监测你的心率,从而判断你是否有购买欲望;当医生劝你多运动时,你不做运动的消极怠惰也会暴露给AI。

也就是说,健康信息中也包含着心理信息,这意味着个人很隐私的信息随时都可能泄露给他人。

"假医生"的真面目

前面我们讲到,预防疾病对医生来说没有成就感,也带不来高收入,这的确是事实。于是,一些杂七杂八的黑心人瞄准这一点,混了进来,才有了不靠谱的假医生横行于世。你可能看到过这样的保健食品的广告:"要想更健康，只吃×××！"除食品广告外，还有"电流脚下穿穿，活力全身满满！""用了这台按摩仪，身体不适全消失！"等五花八门的广告。我们不能说所有这种商品都不可信，毕竟其中确实有能起到预防作用的，但也有会起负面作用的商品。

有一段时间，"血液净化"疗法甚嚣尘上，它的噱头是"抽取血液、净化血液、输回体内"。尤其对那些身体没有什么疾病的人，"血液净化"疗法据说有着很好的预防和保健功能。

其实，"血液净化"疗法的原理就是抽取不含氧的静脉血，在其中输入氧气再输回体内。表面上看，血液由污浊变得鲜红了，似乎感觉到了效果，极少数的相关文章里也提到这可能会起到一定的保健作用。但从另一方面来说，血液抽出后再输回人体是有风险的，稍不注意，就有可能引发感染，得不偿失，由此也引起了多方的关注。那些不以治疗为本，一味采用"血液净化"疗法的医生通常被认为是不负责任的假医生。

我也去一些保健诊所，实话实说，对于那些大部分费用都不能使用医保的诊所，我多少是持怀疑态度的。换句话说，预防医学的研究非常有意义，但真的要把它当成一份事业做下去是相当困难的，因为这一领域的研究很难获取充分的实证材料。这样一来，就很容易以少数的不能说明任何问题的数据为基础，草草地得出"有效果了"的结论。

为什么AI技术公司会涉足"预防医学"？

如我们所见，预防医学领域的AI化发展并不是很顺利，原因是没有大量具有参考价值的数据做支撑。例如，当被问及"怎样才能预防白内障？"时，我们可以给出"减少紫外线照射"的建议。因为我们有充分的数据显示，住在紫外线强的赤道附近的人与住在紫外线弱的非赤道附近的人，白内障的发病率差别巨大，住在赤道附近的人白内障发病率更高。

因此，观察"患病的人"与"未患病的人"的生活环境的不同，是预防医学的必要手段。若想了解白内障的发病是否与饮酒有关，就需要搜集白内障患者的饮酒量与非白内障患者的饮酒量的相关数据。诸如此类，如果不把生活中一切与疾病预防有关的东西弄清楚并进行数据化处理，就很难有效地进行疾病预防。

而且，就算通过数据分析掌握了疾病预防的方法，也还是会存在一些问题。当嗜酒的人被劝 "别再喝了" 的时候，他们当中有几个人能听得进去呢？即使告诉他们 "饮酒会导致白内障发病率提高 10%，你不要再喝了"，他们也还是会照喝不误的吧。

预防医学是一个需要大量数据支持且难以实现 AI 化的领域。可为什么这个领域还是会有那么多的 AI 技术公司想要涉足呢？

首先，因为风险低。假如是治疗数据出现错误，结果会怎样？AI 在输入癌症诊疗数据时，用错了抗癌药的剂量，患者会立刻死去。这不论是从社会伦理层面，还是法律层面来看，都是极其严重的问题，追责在所难免。在医疗领域，只要出现一点闪失，企业就会面临倒闭的风险，医生也会被剥夺从业资格或受到起诉。

反过来，若是在预防医学领域弄错了数据也不会出太大的问题。几年前宣称"这样做有利于身体健康"，后来又被证实"完全胡说八道"的事例数不胜数。

比如，曾经有一段时间，人们说"为了防止胆固醇升高，应该尽量避免摄入胆固醇"，所以"一天只能吃一个鸡蛋"。现在又说"即使不摄入胆固醇，体内也会合成胆固醇，全面的营养摄入和运动才是最重要的"。此时，"一天只能吃一个鸡蛋"的说法也慢慢就没有人提了。即便舆论发生了这么大的转变，人们的健康也没出现什么大问题。像这样，就算预防的说法变了，甚至错了，人们也只会随便说一句"这样啊，那我以后多注意吧"，然后就一笑了之。所以，预防医学的风险是非常低的。

其次，因为能获取庞大的数据。假设，谷歌掌握了"爱吃金枪鱼罐头的人不容易患心肌梗死"的数据，虽然这只是针对部分人群。于是，在发布这一信息之前，谷歌先控制了金枪鱼罐头的销售线，随后再告诉这部分人说"吃金枪鱼罐头对你的身体有好处"，于是，大批金枪鱼罐头就会被抢购一空。

在不滥用的前提下，大数据的确能为人们提供饮食、运动、起居等方面的建议。

假如，有数据显示使用谷歌产品的人比不使用谷歌产品的人平均寿命长五年，那么，那些起初不使用谷歌产品的人也会争先恐后用起谷歌产品来。此外，之前的那种"均衡饮食"之类的概括之词将会变成更具体的"应该吃什么"的建议。运动方面的建议也不再是含糊的"适度锻炼"，而是具体到"建议你每周三次，每次30分钟，加强锻炼！相对慢跑，更推荐快走"，或是"你最好再增加一些锻炼强度"的建议。

谷歌还可以告诉我们适合的居住地。例如"你有哮喘病，最好搬到山形县去住""你现在的居住环境容易得阿尔茨海默病"，等等。这样一来，谷歌可以轻而易举地进军房地产业，任何一家房产企业都不得不按照谷歌的建议来选地和造房。预防医学领域的海量数据就这样掌控了人们的生命和生活。

最后，因为简单便捷。目前，影像数据处理领域的AI技术正在不断发展，比如用CT和MRI来诊断病情。

只不过医学影像领域更需要大量的数据，也需要极强的信息处理技术。

像血压、体温、脉搏等数据就非常容易处理。通过CT影像分辨患者是否患癌，这必须得靠专家，但如果是"血压超过 140mmHg"，外行也能明白。只要家里有血压计，不去看医生也能知道自己是高血压，用前面提到的苹果手表等可穿戴设备也能测量脉搏和心率。当然，癌症的确诊还是得去医院。

可见，普通的数据很容易处理，所以我们首先要做的就是输入大量的数据，之后再逐步追加影像数据。

有许多与 AI 相关的企业都对"预防医学"虎视眈眈。那么，怎样才能凭借可穿戴设备进入"预防医学"领域呢？

最关键的是，可穿戴设备的设计理念应该是微型化，使其逐渐成为人体的一部分，这样一来就可以随时采集数据了。如果要求人们每天称体重并用手机上传数据，大多数人总有那么几天会忘记，这样就失去了数据的准确性。但若是家门口就有重力传感器，穿鞋的同时就能自动测体重，那谁都不会忘记了。如果要求一天三次用血压计测血压和脉搏，大家难免会忘记或偷懒不测。但若是手表或衣服上就附有血压、脉搏的感应器，就可以在不知不觉中无时限地获取数据了。

总而言之，这些高科技设备不能给用户造成任何负担。此外，这些设备还应具有"便携"的特点。假如，有一种能测体重的鞋子，但一只就有两斤重，谁还会想穿它呢？同时，鞋子的设计还要注意时尚，要能迎合各种人的品味。其实，重点不是鞋子，而是能轻易植入任何一双鞋的芯片。

在预防医学领域快速发展起来的可穿戴设备能对诱发疾病的行为进行及时的提醒和控制。但这类设备的受众面目前还十分有限，只有极少数对疾病预防有较高意识的人在使用，其中包括"超级老人"。但在今后的数年里，随着这类设备的普及，"普通老人"也会慢慢适应起来。

如果未来这些可穿戴设备在无感使用方面能有所突破，并有明显的预防效果，我相信人们一定会积极地使用起来。就算起初觉得有些心理负担，可一想到这可以让自己多活 10 年，我想大部分人都会愿意接受自己的生理数据被采集的。那么，我们的未来将是"孤独死"消失的社会。

第 4 章

护理、阿尔茨海默病、养老金不足

——老年人的不安与 AI 应用

新技术消除"衰老感"

　　提到老后会遇到的困难，很多人都说最担心自己患上阿尔茨海默病以及老后的护理问题。特别是照顾过老人，或是见到过身边有类似情况的人，他们更懂得照顾老人的不易。现在，那些能够毫无压力地照顾阿尔茨海默病老人的人，要么特别有钱，要么家中有人能够片刻不离地照料。即便如此，也无法改变老人只是勉强度日的实情。好在老人的护理和阿尔茨海默病问题，现在能够通过新技术得到解决了。

　　随着年龄的增长，人身体的各个器官会出现老化，比如视力听力减弱、行动不便、记忆力衰退，等等。当然一般情况下，眼睛并不会瞎，只是会变成老花眼，看得清远处却看不清近处；耳朵也不会聋，只是听力变差了，听得到低频声音，听不清高频声音。

即使行动不便，也不过是随着年龄的增长脚步变缓，并非完全不能行走。如果使用辅助步行的器具，就可以加快步伐。有数据显示，老人可以借助行走助力器或臂托助行器行走，且步行速度能提高 18%。此外，所谓的记忆力衰退，也并非完全失去记忆。对于一些带有感情的回忆和经历，年老时反而会比年轻时记得还清楚。

因此，衰老并不意味着身体机能的完全失效，只是不再像以前那么灵敏了。完全丧失机能的身体器官是不可能完全恢复功能的，但只要还有一点点身体机能，哪怕是只有健康状态的 10% 或 20%，人们都可以借助新技术来弥补。只要利用好还能正常运作的身体器官，就能够像以前一样正常地生活。

在介绍新技术之前，我们先来看看技术与衰老的关系。"老花镜"可以说是人类抵御衰老的第一个工具。很多人从四十多岁就开始戴老花镜了。人们一边接受自己变老的事实，一边借助工具来慢慢适应。以前的人们觉得，年纪大了，眼睛老花了，自然就看不清近处了。但如今，没有人会因为四五十岁眼睛花了就认为自己"看不了书了"，因为人们有了老花镜。

随着新技术的不断涌现，人类将不再对衰老妥协。

举一个关于记忆力的例子以方便大家理解。大家有没有这样的体会：以前会写的好多汉字，现在提笔就忘；曾经背得滚瓜烂熟的家人的手机号码突然就想不起来了；人名和地名明明到了嘴边就是说不出；等等。但这些事情并不会让人感到为难，因为不管是汉字还是专有名词，我们都可以通过手机或电脑查询，家人的电话号码也都存在手机里。这就相当于电脑和手机代替人脑在进行信息存储，所以人们完全不用为自己记性不好而担心。

同理，面对视力下降的问题，我们首先可以选择戴眼镜，这是常识。随着科技的进步，有些眼镜（包括隐形眼镜）还能够根据佩戴者的眼部状况自动调节焦距。目前研发人员正在开发一种内置传感器的"智能隐形眼镜"，据说对视野欠缺的人会有一定帮助，让我们拭目以待。

助听器也一样。目前的助听器还只能单纯调节音量，但今后随着新技术的应用，将会出现能根据个人的听力状况自动调节音量和音频的助听器，真正实现量身定制。

关于辅助行走，要开发出完全能代步的设备非常困难，目前正在开发的是可以戴在腿上的助力行走的器具。过不了多久，这类产品在市面上就会销售了。

护理时间缩短

无论是护理他人，还是被他人护理，人们都会有所顾虑。护理方会考虑自己的生活将发生怎样的变化，会有多大的负担，身体和精神是否能承受这样的压力，等等。同样，被护理方也会有自己的担忧：自己的需求难以启齿，无法过自己想要的生活，不确定是否会有人来照顾自己，不想给照顾自己的人添麻烦，想要守护自己的尊严，等等。

另外，不管是护理方还是被护理方，都会被"这样的陪护什么时候是个头？""护理程度还会再升级吗？"等不安情绪笼罩。

有人会拿照顾老人与抚养孩子做比较。育儿跟照顾老人一样，都非常辛苦。但孩子总有一天会长大，长大之后就不需要照顾了，是可以看得到尽头的。但照顾老人就不一样了，似乎是看不到头的一件事。

那么，老人需要被照顾的平均时长是多少年呢？我们可以通过"平均寿命"与"健康寿命"的差值来进行推算。平均寿命指的是人群寿命的平均数，健康寿命指的是不被健康问题困扰的能独立生活的寿命。自超过了健康寿命起，到享尽天年为止，人们在这段时间会感到诸多方面的不便，需要外界的帮助才能正常地生活。日本厚生劳动省的调查数据显示，男性的平均寿命与健康寿命差为 9.13 年，女性为 12.68 年（见图 4-1）。当然，这并不是确切的男性和女性的陪护期，但不管怎么说，9 年和 13 年确实是相当长的一段时间。在这段漫长的时间里，人的衰老速度（对护理的需求）会加快，因此护理方和被护理方都会有不安感。

但是，如果利用一些技术手段，完全可以帮助人类延长独立生活的时间，将需要护理的时间推迟 5—10 年。因为正如我之前说过的，"AI 技术能够辅助衰老的身体机能正常运行，延长人的寿命"。例如，某人原本从 80 岁开始需要被护理，直到 91 岁去世。有了技术支持后，他在 90 岁之前都能独立生活，到 91 岁离世时只被护理了一年，也就是说相比于从前，他的陪护期缩短了整整 10 年。

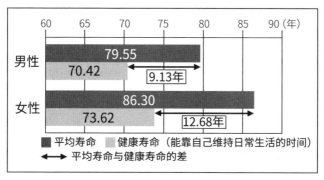

图4-1 平均寿命与健康寿命的差值

·数据来源：平均寿命数值来源于日本厚生劳动省"平成 22 年完全生命表"；健康寿命数值来源于日本厚生劳动科学研究费补助金项目"关于健康寿命的未来预测、生活习惯病的治疗成本与治疗效果的研究"

当然，人类的预期寿命还会增加，但不管怎么说，陪护期还是会大大缩短的。有护理需求的不仅仅是阿尔茨海默病患者，下面我列出了最常见的五种需要长期护理的情况：

第一名：脑中风

第二名：阿尔茨海默病

第三名：身体机能衰退

第四名：跌倒后骨折

第五名：关节病

随着技术的发展，这其中的大多数人都可以推迟被护理的年龄。

协助老人如厕、翻身……AI 代替护工

除了阿尔茨海默病，对于患上其他让患者生活无法自理的重疾，辅助器械也都帮不上什么忙，这时就必须请护工了。但 AI 技术出现之后，情况会发生巨大改变。

首先是老人的大小便问题。目前对于这种情况，基本都是用尿不湿等传统办法来处理。现在已经有了能感应老人"尿意和便意"的传感器，这样就可以及时带他们去厕所。对于一些因大小便失禁而不得不使用尿不湿的老人，失禁后如果长时间不清理，就会引起尿路感染。有了传感器，就能做到及时感知，尽早更换尿布了。

此外，对于需要护理的老人及其护理者来说，最大的痛苦是睡眠不足。有时被护理的老人昼夜颠倒，晚上不睡觉；有时护理者必须半夜起来给老人翻身。

对于不能独立翻身的老人，护理者必须要帮助他们翻身，这样可以减轻臀部和背部的压迫，避免局部皮肤组织长期受压而生褥疮，情况严重还可能感染甚至丧命。现在的护理规范是每 3 个小时替患者翻一次身。具体多久翻一次身合适、让身体朝向哪边更好，往往都是护理者依靠经验判断，但只有频繁地翻身才能避免褥疮的产生。

现在，我们可以通过 AI 监测人体的受压情况，并进行数据化处理，从而找到适合老人的体位。与此同时，病床也要能在一定程度上实现自动调节，必要时再由人协助。这样就能大大减少半夜不停给老人翻身而带来的睡眠不足的烦恼。

另外，还可以开发一种能感应人的精神状态的椅子，对于昼夜颠倒的老人，椅子会发射出一定强度的光线来叫醒在白天睡觉的老人。类似的技术还能应用于防疲劳驾驶系统中，将此技术嵌入老人的床和椅子中也会有不错的效果。在照顾老人的过程中，护理者只要能保证自身充足的睡眠，负担就能减轻许多。

但要开发出能完全代替护工的机器是很难的，因为涉及的范围太广。因此，在护理工作中，某些方面的劳动可以由机器来代替，某些方面的劳动则必须由人来完成。即便如此，从减少了护理时间这一点来说，也是一种进步。对接受护理的老人来说，什么样的护理方式最合适，是需要不断摸索的。如果能利用 AI 找到合理的护理方式，就能更有效地分配护理资源，不仅可以减少开支，还能减轻护理与被护理双方的负担。

担心养老金不足

人一上了年纪，就会担心钱的问题。而在年轻的时候，由于总有收入来源，往往不怎么考虑"应该攒多少钱"的问题。在步入老年后，不管有多少存款，人们都会感到不踏实，因为每天都要花钱，存的钱每天都在减少。看着每月减少的存款，老人们通常会有"坐吃山空"的担心。

也许有几亿日元的存款就不会担心了，但几乎没有人能有那么多钱。能够安心养老的，也只是极少数"有几亿日元存款"的"超级老人"，以及一些"生活水平不高，靠养老金就能维生"或"毫不在意养老问题，相信有了困难身边的人会提供帮助"的人，他们不会担心养老金不足的问题。

有几亿日元存款的人的确可以安心，但只有一亿日元左右的人就无法安心了。有报道称，在日本，能有2000万日元的养老金就足够了。的确，2000万日元也是一笔巨款，但不管是2000万还是1亿日元，看着存款一天天地减少，还是会感到压力的。

况且，有1亿日元存款的人的生活水平不会低，开支会很大，就算钱多也会没有安全感。反倒是粮食自给自足的农民，钱不多但也不会太过担心，因为对他们来说，房子虽旧好歹是自己的，只要生活上不浪费，用钱的地方也不会多。此外，那些特别善于与人交往并能接受他人帮助的人，还有那些不怕求人的人也是很厉害的。然而，成为这样的"超级老人"是有难度的。

商品趋向廉价化和免费化

高精尖技术发展带来的 AI 化会对我们生活产生怎样的影响呢？让我们安心的是，需要人力的工作会越来越少。有人可能会想："那不是没有工作了吗？没有工作就没有收入了。"事实并非如此。

现在，哪怕没有足够的经济来源，也不用担心自己第二天会饿死。因为世界范围内的农业生产效率提高了，日本已经实现了粮食产品的大量供应。

据日本总务省统计局调查数据，1916 年日本从事第一产业即农业的人口占总人口的 53.8%，而现在只有 5% 左右了。只占 100 年前的 1/10 的劳动力（包括进口）保证了现在如此大范围的粮食供应，那剩下的人都在做什么呢？答案是服务业。2015 年日本人口普查数据显示，从事零售业的人占 15.3%，从事运输业的占 5.2%，从事金融业的占 2.4%。

今后，随着 AI 技术的普及，从事零售业的劳动力还会大幅减少。我也曾去过 AI 体验商店，大致流程如下：

第 1 步：身份认证，进店；

第 2 步：挑选商品并放入货篮；

第·3 步：到收银台完成电子货币自动结账；

第 4 步：结束购物，离开商店。

店里没有一个售货员也能完成购物。顺手牵羊这种事是不可能的，犯罪率也会降低。另外，运输行业中，自动驾驶技术的发展也会使相当一部分从业人员减少，人们想要的商品基本上都可以自动运送到家。银行等金融行业的工作人员也会因为业务的数字化和 AI 化而逐渐减少。目前日本制造业的从业人口占就业人口的 16.2%，未来如果制造过程被以 3D 打印为主的新技术所取代，制造业从业人员也会削减。

这样一来，我们就能以更便宜的价格买到商品了。农业人口减少到十分之一并没有让我们吃不上饭。所以，服务业和制造业的从业人员减少之后，也能保证基础服务和商品的供应。这就是我说的"就算人类因为 AI 丢掉了工作，也可以安心生活"的理由之一。

穿着方面，在快时尚品牌优衣库和 ZARA 的门店中，你可以以低廉的价格买到非常漂亮的衣服。在出行方面，由于日本的相关规定，没有网约车，但在国外，使用打车软件叫车比直接打出租车更便宜。就连旅行目的地的住宿（虽然在日本也有相关规定），也可以通过爱彼迎（Airbnb）服务平台找到更便宜的房源。

过去看电影需要租录像带或 DVD，现在有了亚马逊的 Prime Video[1] 和 Netflix[2]，价格便宜而且可以任选观看内容。此外，我们还可以在视频网站上随意看视频、听音乐，且全都是免费的，连 DVD 和 CD 也不用买了。至于娱乐，曾经大家会选择高尔夫、网球、滑雪等高消费娱乐项目，而现在，随着应用程序的出现，大家都可以免费玩游戏了。我想，今后这类免费的娱乐还会越来越多。

---

1 Prime Video 是亚马逊（Amazon）的一个追剧观影平台。

2 美国奈飞公司，简称网飞，是一家会员订阅制的流媒体播放平台。

"基本保障金"能否拯救老人？

根据日本总务省 2017 年的数据，一对无业老年夫妇（丈夫 65 岁以上，妻子 60 岁以上）的月平均支出如下：

· 伙食费 64444 日元

· 住宿费 13656 日元

· 水电费 19267 日元

· 家居及生活用品费 9405 日元

· 服饰费 6497 日元

· 医疗保险费 15512 日元

· 交通及通信费 27576 日元

· 娱乐费 25092 日元

· 其他 54028 日元

· 税费 28240 日元

合计 263717 日元

他们的养老金大约是 21 万日元，还差 5 万日元才够这对夫妇的日常开销。顺便一提，独居老人的月平均开销约为 16 万日元。

人们永远都会为钱担心。那怎么办才好呢？日本政府现在正在讨论用"basic income"来解决这个问题。"basic income"直译是"基本收入"的意思，听起来像是固定工资，其实不然，这是一项"向所有公民发放最低生活补助金"的措施。

目前日本的政策是通过生活保障和医疗保险等多种途径，向有需要的人有针对性地发放一定数额的补助金。但与此同时也会产生"确认保障对象所需的人工费""发放补助金产生的行政费用"，等等。

另外，像刚才提到的爱彼迎等服务平台，引入这些新的服务可以降低大家的生活开支，同时也会产生一些反作用。比如，打车软件抢了出租车的生意，爱彼迎等平台抢了很多个体民宿老板的饭碗，相关行业纷纷表示，这样下去，生活都难以维系。

这样一来，好不容易建构起来的"让全民享受的低廉生活模式"，会因遭到反对而无法启动。简单来说，发放"基本保障金"的出发点是"如果每个人不用工作也能维持基本生活，也许大家都不会有抱怨了"。大家可以把这笔"基本收入"用于自己的兴趣爱好，此外如果想要更多的钱，就去工作。

但是，也有人对"基本保障金"政策持反对意见。反响最强烈的观点是"人一旦拿到了钱就不想工作了"，也有人认为"平均分配看似公平，其实会造成更大的不公平"。日本如果施行基本保障金制度，每个人都能领到相同数额的钱，但对于那些本来靠养老金可以生活得相对较好的人，他们的生活可能还不如现在。

与此同时，日本还有人提出"每月向全体国民发放7万日元的基本补助，同时取消生活保障金和养老金"，这也引发了人们的争议。芬兰和加拿大的部分省已开始试行这一制度，但尚未取得成功。

老年人的工作机会增多

随着 AI 等高精尖技术的发展，适合老年人的工作机会也会增加。

AI 的发展使劳动力呈现出两极分化的趋势。一种是能充分驾驭 AI，走在时代最前沿的"赢家"，一种是从事没有实现 AI 化的廉价劳动和打零工的体力劳动者。

的确，如果年纪轻轻就靠打零工，又都是不起眼的小工，收入自然不稳定。比如，给由 AI 自动分类、组装和打包后的产品贴胶带的工作；在多雪的地区，等待专业人员完成扫雪、铲雪等大型劳动后，给剩下那些受地段影响的、门前积雪不好大规模清扫的人家清理积雪的工作；使用 AI 设备对农场进行精细化管理后，遇到大丰收果农缺人手时会雇佣的临时工；等等。事实上，年轻人想用打零工赚来的钱维持生活是非常艰难的。

老年人的生活费虽然也有缺口，但至少他们有养老金作为基本保障。所以，对他们来说需要考虑如何获得额外收入的问题，像打零工这样的工作就能缓解他们的收支压力。

有些企业不愿雇佣老年人，认为老年人行动迟缓、记性差、身体健康状况不好。但是，如果有 AI 设备辅助老人行动和记忆，那么以较低的工资雇佣老年人工作也是划算的。这意味着老年人将有更多的工作机会。

高精尖技术的发展带来的 AI 化会对我们的生活产生的影响是，需要人力的工作会越来越少。

我想每个人应该都会有这样的疑问，AI 的发展会不会让人类丢了工作？的确，现在一些岗位正在逐渐消失，比如服务类的工作，机器完全可以代替人来完成。目前，一些家庭餐馆就已经开始使用机器人来收拾餐盘了，这些餐馆的服务员就可能会丢掉工作。

但是，工作不可能完全消失。在计算机问世时，大家也曾以为自己会失业，但如今回头来看，我们的工作不减反增，每天都忙忙碌碌的。像那些满足"衣食住行"等基本需求的工作会逐渐实现机械化，但因为人类本能地对生活有更高的追求，因而会逐渐衍生出一些新的工作。

在 AI 时代，"娱乐"将成为工作。例如，在过去，你很难把野营当成一份工作来看待，因为它就是单纯的玩乐，最多也就是在杂志上投稿一篇相关文章，获得一点稿酬，但这根本不足以维持生计。但如今，已经有人通过在视频网站上传野营视频赚取广告费来维生了。同理，兴趣是多元的，能够靠自己热爱的事情来赚钱的人也会越来越多。

有人可能会说"我的爱好很普通，就是钓鱼"。然而，如果你掌握的是与一般的钓鱼信息有区分度的"尾濑[1]的钓鱼信息"，那这就属于稀缺信息，也是能吸引关注的。既然满足人们衣食住行基本需求的工作都由 AI 来做了，人类就可以把钱用在自己的兴趣爱好和追求上，甚至还可以把它们当作工作。因此，如果你有余力的话，可以培养一些与众不同的兴趣爱好。

工作类型呈两极化

前文提到"AI 时代劳动力的两极分化"，其实工作类型也分为"办公场所相对自由的工作"和"必须在现场进行的工作"两种。受新冠疫情的影响，远程办公正成为

---

1 尾濑横跨在福岛县・新潟县・群马县等三县，与日本最大山岳湿地尾濑之原及其周围具有良好自然环境条件的几座山一起，被指定为国立公园特别保护区域。

主流工作模式。也就是说，人们不是必须在固定的办公场所工作。这对上班族来说是一件好事，但同时也意味着竞争对手的增加。

以一份文书工作为例，过去必须是由公司内部负责文书工作的某人来完成，即便公司很大，分公司遍布全国，也不可能特意把东京公司的文件委托给福冈公司的人来处理。但是，当所有人都处于远程状态，就不再有那么多的限制了。不管是身在福冈、北海道、冲绳，还是泰国、印度尼西亚，大家的工作环境都一样了。因此，对工作场所的限制越小，世界各地的交流也会越畅通无阻。

另一方面，那些无法远程办公的工作，也就是"必须在现场进行的工作"就浮出水面了。这类工作必须委托给在现场的人去做。随着工作类型的两极化，大都市和小乡村的差距也会慢慢缩小。

现在，日本约有 30% 的人口居住在首都圈（东京、神奈川、琦玉、千叶），14% 的人口居住在关西地区的 3 个府县（大阪、京都、兵库）。城市人口如此集中的原因之一就是工作都集中在大城市。但是，在新冠疫情的间接影响下，远程办公兴起，人们不必非得住在东京。于是，越来越多的人开始移居其他县市了。

当然，人口不会一次性地完成大迁移，而是会持续地增增减减。与此同时，日本的总人口也在减少，这会导致包括东京在内的城市房地产价格下降，房租变便宜。这对我们的生活将会有相当大的影响。

寻求帮助也是一种能力

不是所有的事情都能自己一个人完成，也没有人能做到万事不求人。每当遇到困难、遭受困境的时候，寻求帮助也是一种能力。在 AI 时代，这种能力越来越重要。

"自己的事情自己做"的想法在日本人的意识和文化中根深蒂固。因此，许多老人就算患了阿尔茨海默病也不想被别人照顾，害怕自己给别人添麻烦。

其实，以前的日本并不是这样的。在过去，三世同堂是很常见的，育儿既是父母的责任，也是祖父母的责任。如果孩子的祖父母身体不好，邻居们也会来帮忙照看。当时经常能看到邻居家的妻子帮着给孩子喂奶，大家的共识是"孩子就该共同照顾"，而不是"自家孩子自家管"。

但是，随着 20 世纪 60 年代日本经济的高速发展，人们开始从农村移居到城市，这种共同体意识也随之发生变化。自己的事情自己做，不给别人添麻烦的想法逐渐成为主流，不知不觉中，这种思想意识也传到了农村。可以说，现在很多人已经完全丧失了向他人寻求帮助的能力。

现代社会中，会寻求帮助的人往往是最优秀的，公司社长就是典型的例子。社长自己一个人是没办法经营公司的，所以要雇佣员工，让他们来完成工作。此外，以前的辞典都是由作者或编者独自编写的，现在的维基百科，则是依靠大家的力量共同完成的，准确度也更高。本来大家就应该互帮互助，现在却被"自己的事情自己做，不能给别人添麻烦"的思想束缚了手脚。

不过，随着 AI 时代的到来，求"人"办事也没那么困难了。

原因之一是人类在心理上觉得，求人不如让 AI 和机器帮自己来得方便。假如你年事已高，走路不方便，想请人帮忙又难以启齿,但如果按下按钮就能得到机器的帮助,也就能顺水推舟了。AI还会根据用户的习惯主动向用户提问,我们只需根据它的提示轻松应对就可以了。

诚然,人老了以后各方面的能力跟年轻时完全不一样了,体力和记忆力都会下降。但并不是说,人一旦上了年纪,能力就不比年轻人了,社会就不再需要他们了。看到那些生活舒心又长寿的老年人时,年轻人会想"我老了以后也要像他们那样"。但现在过得舒心又长寿的老年人少之又少,所以年轻人才会有"早死早超生"或"我老了可不想那样"的想法。为了给年轻人一个好的榜样,生活在 AI 时代的老年人应该尽力活得舒心又长寿,这就需要老年人具备这种寻求帮助的能力。

为了在日常生活中更好地利用 AI,老年人应该抛开自己的固执思想。当然你可以有自己的做法和自尊,但在 AI 时代,也应该试着去听一听新的想法,根据自身情况吸取建议,把老年人常有的顽固守旧思想抛到一边,灵活应对未来。

即使是身边的小事,也需要我们具备求人帮忙的能力。所有事情亲力亲为，确实自己会安心很多，相反，把事情交给别人来做，也确实会充满不确定性。但是，只要能在日常生活中不断试错，一点一点学会请求他人帮忙，同时放心地把事情交给别人去做，即使不再有年轻时的本事，也能活得很精彩。

求人帮助并不需要低声下气，相反它其实是一种能力。所谓借力使力，就是要借助别人的力量来达成我们自己达不到的目标，这无疑也是一种人生的智慧。AI 技术发展带来的新时代和新社会，恰恰为我们提供了提高这种能力的土壤。

每个人都有对晚年的焦虑。

曾经有一对百岁双胞胎姐妹"金奶奶和银奶奶"在出演广告后大受欢迎，人气甚至高到被邀请担任 NHK 红白歌会的嘉宾。当两位奶奶被问到"广告费和出场费准备怎么花？"时，两位老人的回答是"用来养老"。看来，即使是百岁老人，对晚年的担心也依然没有消除。

希望本书能帮助大家消除内心对养老的焦虑。但是，消除焦虑并不意味着你可以不做任何准备。存钱、关注身体健康，这些都是我们必须为自己的晚年生活做的准备。

然而，生活中有很多人对自己的晚年生活忧心忡忡，以致每天都过得很不舒心，我希望能帮助大家消除这方面的顾虑。

我在本书中关于人工智能和新技术的介绍都是非常粗略的，建议有兴趣的读者去读该领域专家的作品。

面对新冠疫情等前所未有的危机，人们虽有些畏缩不前，但时代在进步，未来充满了无限的可能。我并不是说要永远积极乐观，回头看、懊悔、举步不前都是可以理解的。但有一点请不要忘记，那就是要满怀希望。如果你能在这本书中找到这种希望，那对我来说将是莫大的欢喜。希望，存在于朋友、家人、信仰、艺术等你身边的每一个角落。愿你去发现它！

平松类